普通高等教育“十二五”规划教材

室外快题设计

Exterior Sketch Design

——方法与表现技巧

邓 琛 吕在利 编著

中国轻工业出版社

图书在版编目（CIP）数据

室外快题设计——方法与表现技巧 / 邓琛，吕在利编著.
— 北京 ：中国轻工业出版社，2016.2
普通高等教育“十二五”规划教材
ISBN 978-7-5019-8129-8

Ⅰ. ①室… Ⅱ. ①邓… ②吕… Ⅲ. ①建筑设计 - 高等学校 - 教材 Ⅳ. ①TU2

中国版本图书馆CIP数据核字（2011）第042404号

责任编辑：王　淳
策划编辑：王　淳　　责任终审：劳国强　　封面设计：锋　尚
版式设计：邓　琛　　责任校对：李　靖　　责任监印：胡　兵

出版发行：中国轻工业出版社（北京东长安街6号，邮编：100740）
印　　刷：北京画中画印刷有限公司
经　　销：各地新华书店
版　　次：2016年2月第1版第2次印刷
开　　本：889×1194　1/16　印张：7.5
字　　数：270千字
书　　号：ISBN 978-7-5019-8129-8　　定价：38.00元
邮购电话：010-65241695　传真：65128352
发行电话：010-85119835　85119793　传真：85113293
网　　址：http://www.chlip.com.cn
Email: club@chlip.com.cn
如发现图书残缺请直接与我社邮购联系调换
160101J1C102ZBW

序

SHIWAI KUAITISHEJI

XU

高等教育在不断扩大教育规模、不断改进教学理念、不断提升教学质量和不断引领与适应社会发展的目标指引下，经历了“十一五”，迎来了竞争更激烈、理念更先进、前景更灿烂的“十二五”。

“十二五”对于社会的进步与发展、对于教育内容的更新与改革也提出了新的培养目标和方向。基于新形势下新思维、新理念的培养与发展，按照培养具有扎实的专业基础知识、综合知识面宽阔、个人素质高、能力强的高级专业人才的培养要求，本书作者理论联系实际，结合当前教育形势和改革发展的需要，对专业教学的具体情况及发展前景，用开拓发展的眼光看待现代教育，在知识理论的传授、理解，学习的方法与应用，作品理念的形成及解读等方面作了科学而系统的分析与研究，是一部特别符合当前环境艺术设计教学与发展现状和符合就业实际需求的教育书籍。“室外快题设计——方法与表现技巧”一书对于开启学生在室外快题设计方面的思想能力、创造能力和表现能力都有一定程度的引导作用，特别是对室外环境设计灵感的捕捉与发挥，对设计理念的可创性、实践性和可行性方面的训练与发挥作了较为深入的探讨与研究。

该教材通过有目的的专业训练及正确的学习方法传授，对迅速提升学生的设计思想和表现水平有重要的指导作用。希望该书能够成为环境艺术设计专业及景观学等专业的教学用书之一。

吕在利

2011年2月

前言 QIAN YAN

SHIWAI KUAITISHEJI

“室外快题设计——方法与表现技巧”是指在规定的时间里完成设计方案及其表现的一种设计形式。通常要求在3.5～8小时的时间里完成一项中等（或小）规模的景观快题设计、风景园林快题设计、建筑景观快题设计和小区规划快题设计等室外环境的快速设计。

该教材内容是设定不同环境功能的室外空间案例，模拟实际工程设计的招标形式，让学生在规定的时间里完成室外快题方案设计。通过训练，开启学生的设计思维，开发学生的创新意识，培养学生对设计与表现的整体控制能力。使学习者在设计过程中能够适应实际需要，科学合理、创意表达准确到位，表现设计效果技巧娴熟，更好地完善快速表达的能力。

目前，随着我国各高等院校环境艺术设计专业开设“室外快题设计” 课程的现状与实际需求，“室外快题设计”已成为环境艺术设计专业的必修课之一。

本书在吸收了以往部分有关室外快题设计与表现技巧优秀理论的基础上，结合我们的教学经验和心得，编写成册，以开启学生在室外快题设计方面的创造力和艺术设计上的思维表现力。希望《室外快题设计——方法与表现技巧》能够成为环境艺术设计、风景园林设计、景观学、景观设计、景观建筑设计等专业的本科教学用书，以及研究生参考用书、建筑装饰与景观设计人员继续教育与培训教材和工作参考指导用书。

本书在编写过程中，借鉴和参考了一些学者的理论成果，书中已标明来源，在此对参考书目中的作者表示衷心的感谢！由于编写时间仓促，加之水平所限，不当之处在所难免，诚望专家、读者斧正。

本书在编写过程中，注意理论联系实践，图文并茂，突出每一章节中的重点难点，以便学生掌握。其所选用的插图一部分为编者自己手绘的方案及学生设计的作品；一部分为国内外有关室外快题设计表现的画册中的作品；还有少部分图片已难以查找其来源，在此对以上原作者及设计公司表示由衷的感谢！

由于编者水平所限，缺点错误在所难免，不足之处，敬请读者批评指正，以便在教学实践及修订版中加以改正。

编 者

2011年2月

目录

SHIWAI KUAITISHEJI

MU LU

SHIWAI KUAITISHEJI

目录 MU LU

第 1 章
室外快题设计的概论与基础

SHIWAIKUAITI
SHEJI

1.1 室外快题设计概论

室外快题设计是一门集艺术、科学、建筑、园林、工程技术、绘画等于一体的综合性应用学科，是以手绘的形式在较短的时间里根据设计要求，快速表达出室外环境的功能形式、设计构思及理念，从而帮助设计者能够快速准确地获得设计定位和延展效果。对于设计任务来说，室外快题设计又是设计语言、设计思想表达最直观的交流与沟通方式；也是考察设计者综合表达能力的有效手段。

室外快题设计的表现一般是按照题目要求的定位来表达出设计理念，用高效、快速的设计方法，在较短时间里做出优质的设计方案，这是一种特殊的设计工作方式，属于快速设计的一种。室外快题设计的运用一般有三种情况：

（1）在接到任务书后，设计人员对设计的主题、功能和内容有了一定的了解或理解后，通过在纸上以勾画的形式将设计的框架、内容形式和文字尺寸在较短的时间里迅速表达出来，是设计师对方案深入了解和细化的过程，也是构思、推敲方案以形成设计效果的重要阶段；

（2）在施工现场，如甲方对某一设计环节中的效果不尽满意并提出修改时，可在现场以手绘勾画的形式将待调整的设计环境迅速表达出来，这种方式在沟通与交流时比较直接、实用，它可以节约工作时间，提高工作效率，对需要调整的内容予以及时的确定；

（3）考核设计人员能力的重要手段，如研究生入学考试、设计院与设计公司等选用人才时都需要经历3.5～5小时的快题考试；这是因为快题设计的表现不但能快速地考察设计师的专业素质，而且还是反映设计人员各种综合能力的有效手段，如图1-1-1、图1-1-2所示。

图1-1-1　室外快题设计方案图

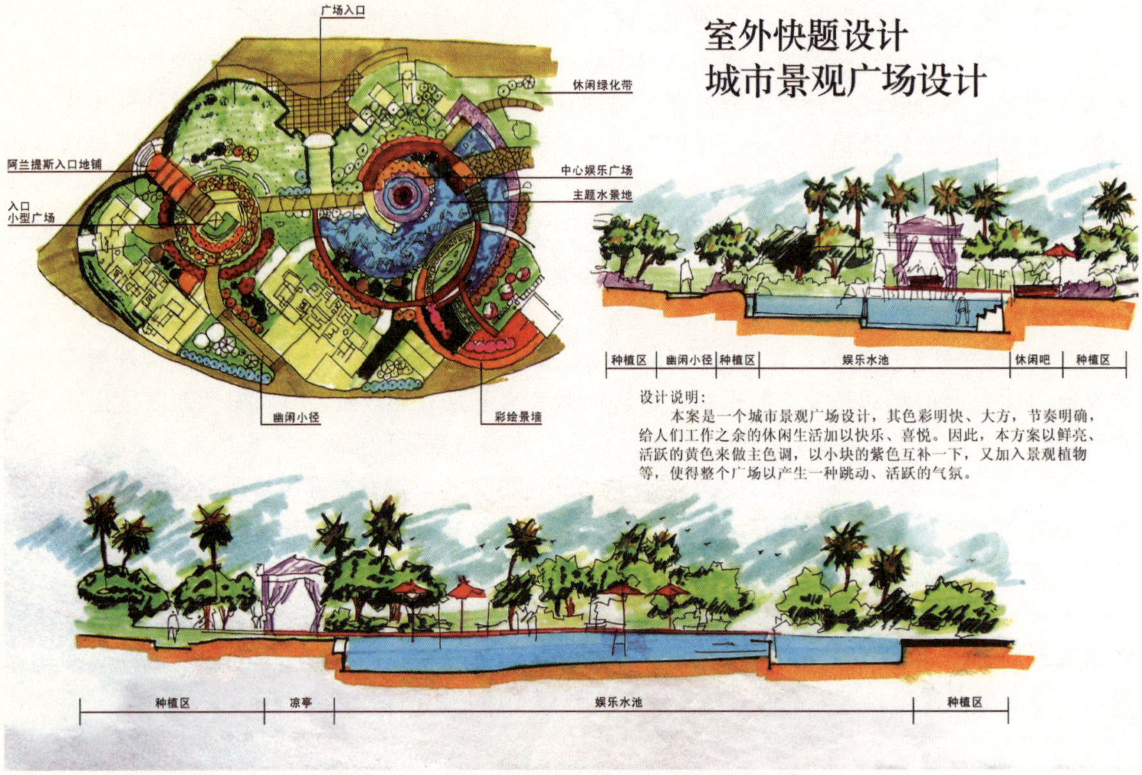

图1-1-2　室外快题之景观广场设计方案

室外快题设计是快题设计的一项类别，属于室外景观设计专业类的快题设计。它通过对环境的调研、现状的分析、方案的构思以及图纸绘制，以期取得理想的效果，这就要求设计师具备过硬的专业及业务素质。随着计算机制图的日趋常规，使得很多设计人员动手绘图的设计能力大大下降。尤其是在日益激烈的市场竞争中，虽说电脑制图有很大的优势和便利，但是能具备电脑制图和动手绘图的综合型设计人才在现实中还是比较缺少的。室外快题设计，对于锻炼和培养景观设计师、建筑设计师、城市规划师、园林设计师动手表现环境的能力来说尤为重要，而在教学、工作中，室外快题设计还具有重要的实践意义。

目前，快题设计在体现设计师的思维能力和创造力方面，以及反映设计者的计划能力和应变能力方面都具有很强的作用。室外快题设计也是通过工具手绘的手段，将每个环节中各项要素进行合理的整合与划分，创造性地解决环境中存在各种矛盾的过程。对于刚开始接触室外设计项目来说，会面临各种错综复杂的地貌环境等待整理和分析，这就要利用所掌握的知识对需要设计的外部环境作综合评价：如哪些条件是对设计有利的，哪些条件又存在着制约性，在这种情况下，需要巧妙构思、创新立意，把设计条件上的制约转化成创作灵感的源点，并巧妙利用设计语言及形式结构将设想快速表述出来，达到项目实现的目的。当然，这还需要通过长期的锻炼和设计实践才能创造出成功的设计作品来，如图1-1-3、图1-1-4所示。

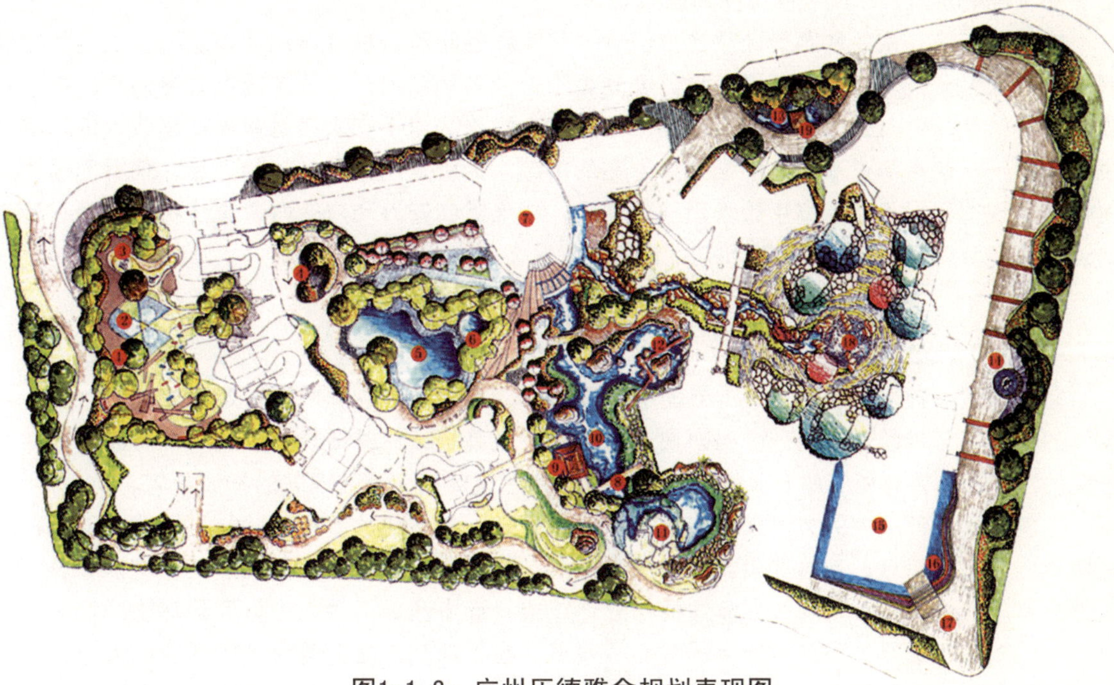

图1-1-3 广州历德雅舍规划表现图

图1-1-4 广州历德雅舍局部景观设计

另外，室外快题设计的表现重在迅速读懂任务书，然后在有限的时间内完成大量工作，如分析设计要求、评价主次矛盾、打开设计思路、推敲方案并完成图纸绘制等，这需要设计者灵活应变，准确定位，以顺利完成图面的表现。

就教学而言，室外快题设计重在可创性、可实践性和可行性方面的训练。一个出色的室外快题设计在空间的功能以及环境气氛的表现上不但能够脱颖而出，就连图纸本身的构图排版也应赋予个性化，并且在内容上组织有序，令人赏心悦目。对于初次接触室外快题设计的学者来说，要善于从优秀的设计作品中学会对方案的推敲与分析，通过有目的的训练，使得图面线条流畅，表现得当，不断提高手绘表现技巧能力，增强其创造力和应变力，这些可以帮助设计者认识空间环境以及提高业务功底和艺术修养。

1.1.1 室外快题设计的定义

室外快题设计是环境艺术设计专业的一个综合应用课题，它要求在一定时间的约束下，对具体的设计项目或题目进行一个相对快速的设计，是临场设计时体现综合应用能力和掌握知识程度的过程。如没有相应的专业基础知识和综合能力就难以完善此课题的具体内容。

环境艺术设计从大的方面来讲它承担着历史责任，物质化的空间实体一旦形成，就会释放它所承载的各种信息，而这些信息内容的正确性，会或多或少影响人们的生活，所以环境艺术设计具有较强的公共性，那么在具体的作业训练或设计中凸显个性应在与周边环境的协调性和公共性的约束下进行，不能有较大的对立或脱节。在生活与文化全球化、国际化的大趋势下，人们生活态度和价值观念的改变，造成了地区文化上的颠覆性，当下的环境设计也充分地证实了这一点，社会背景的改变和文化碰撞产生的新思想和新环境及新目标应值得我们深刻反思，中国环境设计的艺术是源之于物，动之于情，成之于理，遵循自然审美和传统哲学的基本法则，所谓“虽有人造，宛如天成”及“天人合一”的原则。强调实与虚的哲理体现，设计构思与方法上强调“含道应物”“迁想妙得”“澄怀味象”“应物会心”为设计原则，讲求内在、含蓄的力量，不能一味追求视觉上的冲击力，不在乎“情景交融”的景象与方法的运用。当然文化及设计的多元化共生、共存，也决定了其动机和目的的不同，如图1-1-5所示。

图1-1-5（a） 在公共性环境中的协调感

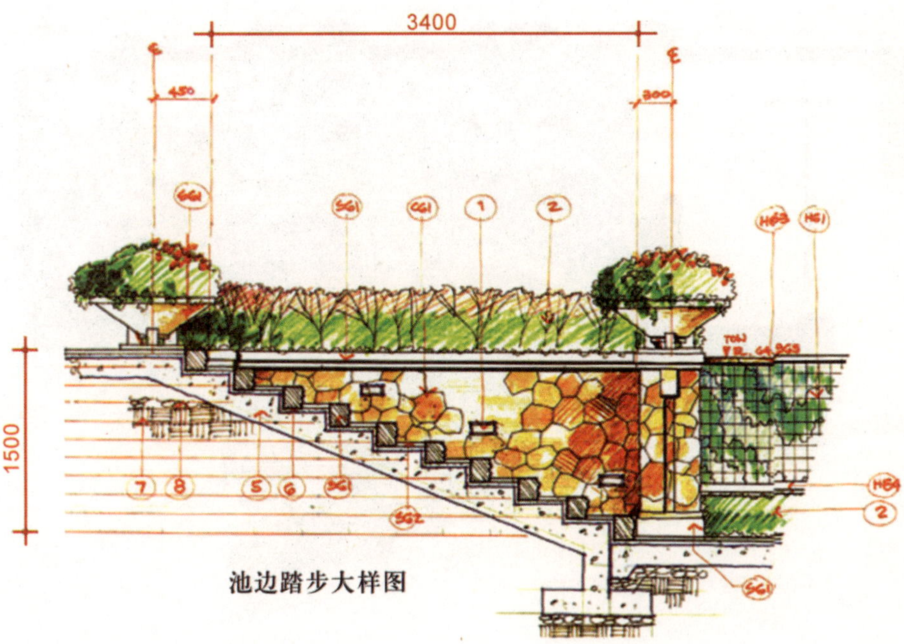

图1-1-5（b） 在公共性环境中的协调感

快题设计因为有时间的约束，不可能非常全面、尽善尽美地考虑到所有因素，因为是在实践的约束下训练，所以构思与手法尽可能单纯、明了。有些设计的氛围与景象营造可以用一个词语，一两行诗句就能基本概括，不要太多的风格与创作手法，要精选一两种就可以，否则整体氛围在短时间内不能很好地统一与协调。要使氛围及风格相对单纯，以突出景象功能主体建筑为重点的处理手法都可以将其他设施自然地融入到整体氛围之中，注重意境或实用及综合等方面的表达，可以“寄情于景”也可以以实用取胜选择一个重点，在规划与具体设计上始终贯彻这一点。任何艺术设计作品必须通过具体的设计要求来完成，如何选择设计要素，使其能准确到位地表达主题的功能与美感，这应先充分考虑主体的时代性、功能性、趣味性、实用性、前瞻性及超前性，结合作者表现的主观性来综合确定设计元素及材料元素，在具体设计中、主观概念、风格设计与具体的地形地貌、功能、民俗资源等都是影响选择和寻找元素的具体内容。

一般来说，室外快题设计是通过工具手绘，甚至是徒手进行设计成果表现的一门专业课程；通过在规定的时间内进行设计创意，并提交相对完整的设计内容，这其中包括平面图、立面图、剖面图以及透视效果图等设计成果，能够看出设计的总体构思，以及对一些关键问题的思考表达，同时也表现出设计人的阐述和表达能力，也就是从文字的要求到图形的表达过程。

室外快题设计的范围非常广阔：宏观方面涉及如区域规划、城市规划、社区规划、道路规划等的景观规划设计；微观方面涉及建筑物和构筑物室外环境设计等方面的内容。但实际的室外快题设计工作的范围远不止这些，内容中还包括：国家公园、城市公园、城市广场、社会机构和企业园景观、历史遗迹的恢复和自然景观的重建、滨水园区、乡村庄园、休闲花园等，如图1-1-6、图1-1-7所示。

图1-1-6　广场平面图设计方案

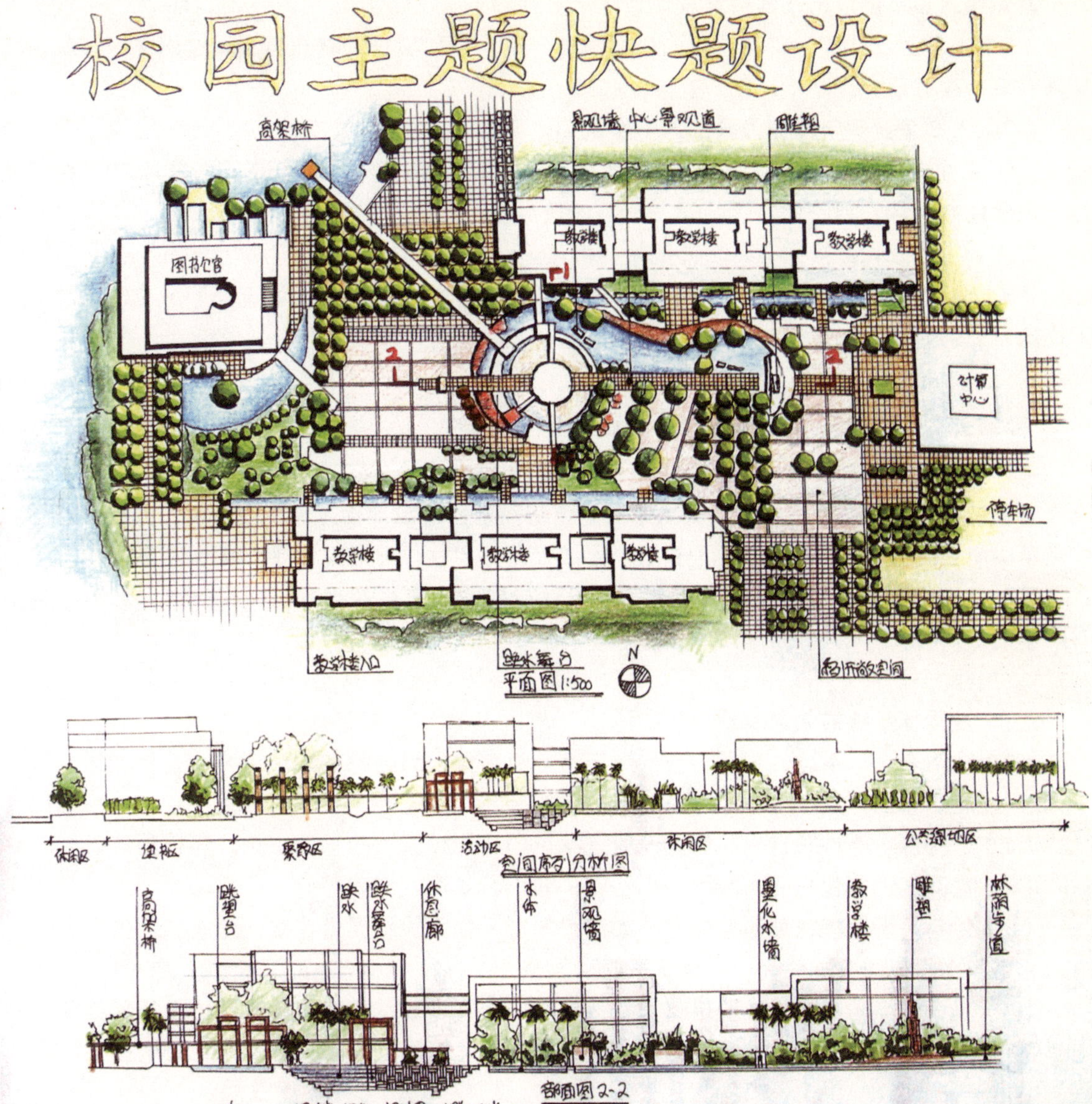

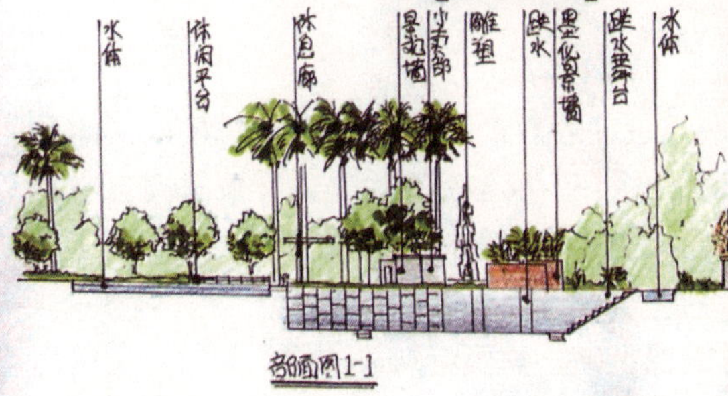

设计说明：

本方案为校园主题快题设计，方案的重点是校园的中心活动区域。而中心活动区引用了同心圆的平面构图，圆心是注意力的焦点。本设计应用此构图方式，以广场中心的下沉跌水舞台为视觉焦点，其构成特点在空间构成上有非常重要的存在价值，以此来突出整个设计的构成。当然，还能为观赏周围景观提供全程式的视域范围。

图1-1-7　校园主题的快题设计方案

室外快题设计的应用范畴通常表现为以下三种：

（1）工程上：从实际工程项目的初期构思开始，再到项目的展开与实现过程中，其应用范畴具有可持续性研究。

（2）入学考试：一般作为硕士入学考试的范畴。

①讲究能力：设计能力、方案构思能力、基地分析能力、概括能力、创意能力、表达能力、深化能力、理性判断能力。

②体现学生在设计方面有无培养造就的前途。

（3）职业考试：一般指的是设计人员入职考试和职业资格考试，最主要的是考核设计人员工作能力范畴。

1.1.2 室外快题设计的特点

室外快题设计是指快速、有效地做出设计成果，并在一个规定的或有限的时间内完成对建筑及其周围景观环境的设计，按照设计主题的定位从而延伸其设计构思和景观环境的分析与整合，以满足功能上的合理性、技术上的先进性、经济上的适用性，突出综合评价场地环境的能力。

另外，根据室外快题设计的特点，其对设计成果的要求也与平时的课程设计、工程项目是有所不同的。

1. 工作方式

（1）注重徒手绘的效果表现。

（2）成果表达：重理性判断，成果更概括、更整体、设计意图表达清晰，目标表达明确。

2. 快题题目的特点

（1）非特殊功能性题目——题目一般是常见的，如校园大门、图书馆，售楼处等。

（2）空间富于变化——大空间，小空间，如小区长廊、庭院等。

（3）题目易于发挥构思创意的——如用“圆形”作为设计元素，在一个正方形的基地范围内，利用积木搭建的方式设计一个建筑景观。

（4）强调环境因素——景观建筑与自然环境的结合，要从历史文化文脉的发展因素和自然地形的特点相结合，体现其整体性和宏观性，并强调其建筑体量与环境因素的组织和主次关系。

1.1.3 快题设计表现的任务与要求

室外快题设计的任务是按照一定的时间要求进行设计表现的，其任务书通常是以文字和图形的方式，给设计者提出了明确的设计目标和要求概述，即方案设计的建设背景、项目名称、性质、规模等做一定的概述。在任务书中还包括有关对图纸的要求和表达内容，如最终设计成果的比例、尺寸标注的要求等。

快题设计任务书中的某些部分会对设计产生决定性影响，需要特别关注，例如对环境的功能要求、方案设计的建设背景、性质和规模，面积等技术性指标和设计参数、基地的环境条件等。在拿到任务书后，首先一定要留出全面了解任务书的时间，对所给的信息进行分类，区分主次，从中整理出各种主要的功能关系，在进入设计具体阶段时综合各条件理清思路，进而深入了解设计要求和任务书提供的信息。其次一定要在阅读文字的同时参照地形图，在脑中迅速建立起用地的区位与周边环境要素的空间概念以及与基地的关系，例如，是平地、还是坡地？四邻各面是怎样的环境，其中会有哪些环境是受限制的？哪些内容又能够转化成为有利的因素等。

值得注意的是每一块基地，不管是自然的或人为的都或多或少具有自己的独特性，这既给设计提供了成功的机会，也带来诸多限定条件。从基地的特点出发进行设计，基地调查与分析是必不可少的环节，尽可能地从任务书与基地图纸中解读每一处信息，这些都是开展设计的基础。

1. 自然条件

自然条件应考虑的因素有地形、地势、方位、风向、湿度、土壤、雨量、温度、光照、风力、基地面积等。

2. 环境条件

环境条件应考虑到的因素有基地光照、周围景观、建筑造型、给排水、通风效果、空间距离、路径动线、维护管理等内容。任何一个设计都不可能脱离环境独立存在，基地环境是室外景观设计的制约因素，在实施中还应考虑分析以下三个方面：

（1）地理环境：不同的地理环境(如南北方的差异)会影响设计方案的规划组合形式。

区位环境指基地周边已有建筑、城市设施(文物、绿地小品和城市景观等)的现状。对这些因素必须在总体布局和总平面设计阶段中就给予考虑，才能保证方案的整体性与合理性。

（2）交通环境：指对与基地相邻的城市道路的分析。如对外交通联系是景观设计的重要内容，只有经过对基地周边城市道路情况的具体分析，包括场地内建筑的集散，进行总平面布局，组织人、车流线，安排动、静态交通，才能保证建筑内部交通与城市交通的合理衔接。

（3）人文条件：设计时应考虑的因素有城市、村庄、交通、治安、邮电、法规、经济、教育、娱乐、历史、风俗习惯等。

另外，室外快题设计的任务涉及从广场、住区、办公、校园到公园等景观设计。在现代景观规划设计的范畴上包括景观规划(landscape planning)和景观设计(landscape design)两个方面。景观快题的内容一般按照时间的要求会有所侧重，比如大尺度的景观规划，其设计内容相对较少，注重规划的层面。设计要求基本按照城市规划的设计要求执行。而中小尺度的快题设计注重设计的立意与形式感，设计要求具备一定的深度。

例如，从下面两项试题的任务书可以看出不同尺度的景观快题的侧重内容与要求：

任务书一：表达某小区水景系列设施的景观快题设计，周边植物环绕，自然风光优美，景观设施依地势而建，如图1-1-8所示。

图1-1-8　小区水景快题方案

（1）场地要求

设计范围在自定；入口区设有明显标志；要求结合自然环境，设计宜人的生态式人居环境；合理规划交通流线；水景与人工造景结合，水景边设置散步道、休息座区等设施。

（2）作图要求

画出平面图、指北针；标出索引或图例；标示室外标高；标示主要出入口及场地道路交通；分析功能分区及说明；分析交通流线；分析景观格局。

（3）图纸内容要求

平面图(占总分50%)；剖立面图2个(占总分20%)；分析图(占总分15%)；主要景点的透视效果图或鸟瞰图(占总分60%)；设计说明：含植物配置意向设计图或植物配置说明(占总分5%)。

（4）其他要求

消防车道宽度不应小于3.5m。

任务书二：园林规划设计试题，如图1-1-9所示。

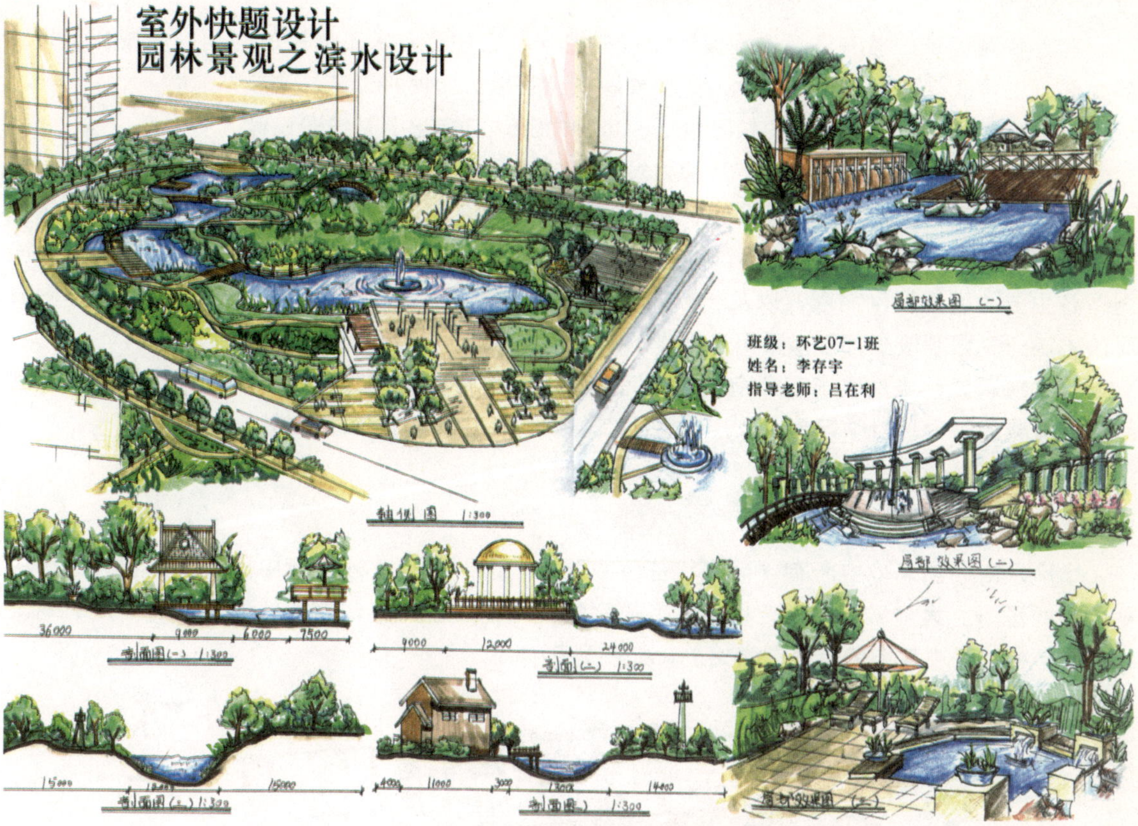

图1-1-9 园林景观类快题

（1）区位及面积

公园位于城市繁华地段中，面积为5000m^{2}左右。用地四面均为商业建筑区。用地比较平坦，基址上有植物。

（2）要求

公园要成为周围居民休憩、活动、交往、赏景的场所，是开放性的公园，设施内容由设计者决定，如商亭、茶室、活动室、管理室、厕所等。

注：构思有据，立意明确；突破常规，发挥想象力；同时要求表现有力，充分表达出设计意图。

（3）提交成果（提交两张A2图纸）

①画出总平面图，比例自定，表现形式不限，要反映竖向变化，植物只表达乔木、灌木、草地、针叶、阔叶、常绿、落叶等植物类型。

②鸟瞰图(表现形式不限)

注：试卷中所附2张图纸，编号分别为A、B，比例尺为自定，考生需按A、B拼图，图纸要有周围道路，周围建筑可简化或不表示。

1.2 室外快题设计的基础概念

室外快题设计一般只涉及方案设计阶段的内容。它往往要求在很短的时间内完成方案设计的大部分工作。就规定的时间分类，室外快题设计可以分为两种形式：

①3.5小时或8小时内完成的快题设计，也称为3.5小时或8小时快题设计。

②需用几天完成的快题设计，又称为短期快题设计。

本教材主要涉及8小时快题设计及短期快题设计。这是各类专业课程训练常用的形式，也适用于研究生入学考试、工作招聘等。它要求在规定时间内完成方案设计，并将方案的总平面图、各主要立面图和剖面图，以及一些表现图、设计说明等表达在规定的图幅内。至于作图表现的方法一般限制较少，可以采用尺规作图或徒手线表达，效果表现的形式灵活多样。

此类快题设计虽然要求在几个小时内完成设计，考察的内容却覆盖了从设计构思到专业制图相对完整的过程，对学习者以及应试者的综合素质有着较高的全面要求。

1.2.1 场地概念

场地是对外部环境中所有“面”状基面的总称。是人们在室外环境中聚集、停留、进行各种活动的场所。大到城市广场，小到住宅的庭院，无不包含其中，占据外环境基面组成的绝大部分，是构成景观环境的重要因素之一，如图1-2-1所示。

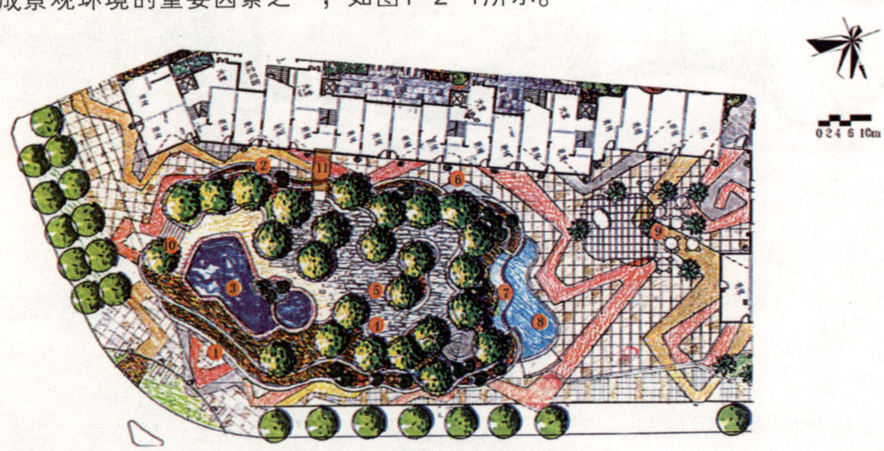

图1-2-1　建筑的附属场地

1. 场地的分类

①城市公共性广场；

②城市道路的派生场地；

③建筑的附属场地。

2. 场地的规模、尺度与感受

（1）20～25m：感觉比较亲切的空间，类似于家庭的客厅空间，超出这个范围，很难辨别对方的面部表情和声音。

（2）大于110m：肉眼无法辨认，只能辨认出大略的人形和大致的动作。超过110m之后可以产生广阔之感，即我们说的广场尺度。

（3）390m左右：超过这一尺寸，眼睛无法看清对象，如果要创造一种深远、宏伟的感受，可以运用这一尺寸。

3. 场地规划时需注意的尺度

（1）0.9～2.4m：一般谈话范围，人与人距离较近，可看清谈话者表情，可以听清语气及辨认其他一些细节。

（2）12m以内：公共的距离，可区别人物面部表情。

（3）24m：视觉距离，可认清人物身份。

1.2.2 道路概念

道路是供各种车辆和行人通行的基础设施，按其使用特点分为城市道路、公路、厂矿道路、林区道路及乡村道路等，古代中国还有驿道。广义上的道路不仅仅是供车辆行驶的马路，还包括人行道、各种小径和广场。

场地周边道路的布局以及道路的特征，都直接影响到场地的面貌、功能和人们生活的空间环境，道路是场地众多制约因素之一，这里面还包括场地道路的方向性、连续性、韵律与节奏等。道路的规划应考虑主要通道、次要通道、人行通道、车行通道。

道路的容量主要是指道路的宽度，道路的宽度是否合适取决于它与支撑的人、车流量是否匹配。

（1）600mm：单个人的通道。

（2）2m：容纳单个人与推婴儿车的人擦身而过。

（3）3～4m：车行道旁的人行步道大致的宽度。

（4）6m：商业步行街的宽度最好在6m以上。

（5）12～15m：支路。

（6）25～40m：次干道的宽度。

（7）30～45m：主干道。

根据国内各城市建设道路的实例，机动车道是指路缘石之间的宽度，双车道取7.5～8.0m，三车道取11m，四车道取15m，六车道取22～23m，八车道取30m。

居住区内道路分为居住区道路(红线宽度不宜小于20m)、小区路(路面宽6～9m)、组团路(路面宽3～5m)和宅间小路(路面宽不宜小于2.5m)。

小区内主要道路至少应有两个出入口；居住区内道路至少应有两个方向与外围道路连接；机动车道对外出入口间距不应小于150m。沿街建筑物长度超过150m时，应设置不小于4×4m的消防车通道。居住区内设置尽端式道路的长度不宜大于120m，并应在尽端设置不小于12m×12m的回车场地，如图1-2-2所示。

图1-2-2 小区道路

1.2.3 景观构景元素

1. 水景

水景景观以水为主，水可以减少空气中的尘埃，增加空气湿度，降低空气温度。水的观赏价值可以产生许多奇异、有趣、动人的水景。水景设计应结合场地气候、地形及水源条件来设计应用。南方干热地区应尽可能为居住区居民提供亲水环境，北方地区在设计不结冰期的水景时，还必须考虑结冰期的枯水景观。

中国的园林素有“有山皆是园，无水不成景”之说，由此可见水对于景观的重要性。水除了在生态、气象、工程等方面有着不可估量的价值外，还对人们的生理和心理起着重要的作用。人类从古至今就对水有强烈的偏好，人们喜欢亲水、近水、戏水，与大自然接近。水的状态又给人以不同的心理感受：静态的水给人以宁静、安详、轻松、温暖的感觉，动态的水给人以欢快、兴奋、激昂的感觉。例如城市景观中因为增加了水元素的内容，不但可以活跃景观的气氛，还可以丰富景观的空间层次，水景有极具可塑性的特性，如图1-2-3所示。

图1-2-3 广场水景景观设计

（1）水按其形态特征分为：

①点状水体：水池、泉眼、人工瀑布、喷泉；

②线状水体：水道、溪流、人工渠；

③面状水体：湖泊、池塘。

（2）水景设计手法：

①静水景观设计；

②流水景观设计；

③落水景观设计；

④喷水景观设计；

⑤亲水景观设计，如图1-2-4所示。

图1-2-4 亲水景观设计

2. 植物

植物是生命的主要形态之一，包含了如乔木、灌木、藤类、青草、蕨类、地衣及绿藻等熟悉的生物。植物对人的生存、情感及审美方面具有无比深情的意义。植物可以通过光合作用后调节空气温度、吸收二氧化碳，释放氧气，并且能阻隔、吸收烟尘，降低噪声。几乎所有的植物都有助于环境中小气候的改善。如挡风、蔽日、水土保护、降低环境中的热岛效应，补充清新氧气。植物的生态效应、审美特性、意境联想是景观设计重要的设计价值，如图1-2-5所示。

图1-2-5　植物的运用效果

设计时可以按照以下植物分类来考虑：

①地被植物；②灌木；③乔木；④藤本植物；⑤花木；⑥水生植物。

3. 建筑物

建筑物（Building）通称建筑。一般指供人们进行生产、生活或其他活动的房屋或场所。它是具有支承及遮盖用途的构造物，人类借着兴建各种建筑群，提供社会运作的空间或机能需求，例如工业建筑、民用建筑、农业建筑和园林建筑等，如图1-2-6所示。

图1-2-6　建筑景观设计

另外，有些建筑又称为构筑物。所谓构筑物是指独立存在于房屋等建筑物之外的，人们不直接在内生产和生活的具有一定使用价值的永久性人工建造物。如井、水塔等生活用构筑物；烟囱、码头、油库、水塔等生产性构筑物；道路、桥梁、隧道、地铁等公共设施、公益事业用构筑物。

值得注意的是优秀的构筑物是对其场所的表达，它与场地相呼应，每个构筑物都有其用途、场地关系及精神的表达。景观设计中的构筑物可能是建筑、亭台、桥梁、构架等，它除了某种实用功能外，还在景观中作为围合元素、屏障元素、背景元素，起到主导景观、组织景观、充当景框或者强化空间特征的作用。

4. 设施

通常指为某种需要而建立的具有特定功能或美化作用的设施。在景观环境中除了场地、道路、绿化外，各种设施可以为人们在外部环境中提供方便。

室外景观中的设施系指城市主次干道、支道、河堤道路；临街建筑物、构筑物立面的各种装饰，各种灯饰设施；雕塑、牌楼、牌匾、橱窗、画廊、大型广告；树木、绿篱、花坛、草坪；果皮箱、交警台、人行道护栏、交通标识、车站牌、候车棚、电话亭、阅报栏等设施。这些环境设施的位置、体量、材质、色彩、造型都对环境的整体效果产生影响，直接反映环境的实用性、观赏性和审美价值，是环境构成的重要因素，如图1-2-7所示。

图1-2-7 景观设施的表现

设施的分类包括以下内容：

①信息设施；②卫生设施；③娱乐服务设施；④照明设施；⑤交通设施。

5. 艺术品、小品

艺术品、雕塑及各类艺术小品是具有艺术价值的创意物品，也是景观中重要的点景元素，对于点缀和烘托环境气氛，增添场所的文化气息和时代风格起到重要的作用。有些艺术小品同时还具备一定的功能。简而言之，景观设计中的艺术品的设置能对环境的思想性、艺术感染力以及烘托环境氛围起到提升的作用。

艺术品的设置需要注意以下几点：

（1）尺度上的把握：统领空间，成为空间焦点，注意把握人的观看距离和尺度的关系。

（2）形式的统一：无论是抽象艺术品还是具象雕塑，都需要与周围环境统一协调。

（3）反映环境的精神特征：使环境的主题更加明确，更富于精神内涵。

第2章
室外快题设计的过程与类型

SHIWAIKUAITI
SHEJI

2.1 快题设计的过程

快题设计属于方案设计的一种特殊形式，它既包含了方案设计的主要内容和基本构成，又有一定程度的精简和概略。在短短几天或者几个小时内完成方案并表达完整，就意味着要求设计者不可避免地简化思维过程中的反复和推敲，将每一个环节都有计划地限制在一定的时间之内，才可以完整的完成任务要求。

任务分析—设计思维—细部完善，这三个过程在快题设计中依然存在，但在具体实践中，其反馈与调整的可能性相应减少，尽可能地要求设计步骤快速、准确。快题设计要求设计者从构思的最初就对功能与形式都有相对成熟的把握，减少推敲的过程。设计中表现出工作流程的紧凑和单线推进。合理、动态地把握各步骤所需要的时间。

一旦收获设计任务，设计者应尽快阅读设计信息，包括文字说明和地形、环境、原有建筑物等各重要设计限定信息。将这些重要信息整理、归纳后，形成思维开始的初始条件。需要说明的是，这个过程既要在较短时间内完成，尽量不占用后面的设计时间，同时又要求细致严谨、再三确认，以防止遗漏、看错一些隐蔽性的重要信息，导致整体设计出现偏差；例如快题中给出的指北针、风玫瑰、比例尺、周边环境或文字说明中的特殊要求等。

确认题设的要求之后，设计者应尽快进入角色，整理出符合条件的构思简图。这一构思包含两大方面的思考，即设计各要素与外部限制条件的相互关系，与设计各要素内部的组织关系。整个构思可以经历一个从意向草图到相对精确的设计草图的发展过程。在设计思维形象化的过程中，赋予各元素功能、尺度及形态。

一旦各主要设计元素基本确定，设计者需要立即进入图纸表达的环境。与一般方案设计不同的是，设计者不能等待将所有设计细部构思在草图上表达清楚后再“上正图”，而应该在大部分主要部分确立后，就开始进行“正图”作业。在正图的制作过程中，对部分细节“边画图、边思考、边设计”。这是由于快题设计的特点决定的。由于时间所限，在有限的时间内如何抓大放小、突出重点，快速而干练地完成这一综合化的过程，是快题设计的主要难点所在。这也要求设计者必须掌握相当的设计、绘图与表现能力及实践经验。

2.1.1 审题与分析

审题与分析是快题设计过程中一个非常重要的环节，从接触设计任务开始，到快题方案的完成，离不开对任务的理解与思维的分析过程。

（1）审题

审题不仅要确定环境的体裁，还要确定题目所划定的范围。在题目所给的范围内选材，才能使设计内容切题，重点突出。这种审题方法既适用于园林设计，也适用于建筑景观的设计。有些题目所给因素较少，表意也比较概括宽泛，有的甚至抽象朦胧，这就给审题增加了难度。这类题目常常是由一个词构成，遇到此类题目往往无从下手。对于这类题目，只要审清已知因素，并在已知因素上增加新的关联因素，就能准确地确定环境设计内容，题旨就能清楚地显现出来，审题的困难就会迎刃而解。

题目是设计的材料和表现思想最精炼的概括，是室外快题设计的“眉目”，也是设计的“眼睛”。仔细分析和反复考究给出题目文字是设计的先决条件。审题的成功与否，关系到设计思想的确立和材料的选择，将影响整体方案的设计是否符合题目要求，决定着构思能否按正确的方向展开。审准了题意，设计才会切题；否则，就会偏题，所以在审题过程中应注意以下方面的内容：

1)通过任务书要求的数据，以红线为界，把握好总占地面积、各功能块要求面积、灵活自由面积；以及基地绿化面积和基地的可用面积，也包括建筑规模和面积；并且需要大概估计设计的内容如何才能满足面积要求。

2)看清任务书要求的建筑性质或园林形式、大的功能块有几个，有无特殊功能需求。

3)环境的使用者，设计中有无特殊要求。

4)根据道路情况，决定出入口可设方位。主次入口各自的可布置方位。

5)周边环境有何特殊要求等要素。对体型有何限制。环境中有什么可利用的要素。

6)若周围有建筑，防火间距和消防通道的设置要求。

7)地上停车位数量，地下车库入口有无特殊要求。

8)建筑风格有无特殊要求，建筑手法有无特殊要求。

（2）分析

经过审题，我们需要确定环境条件的限定与要求，在快题设计中，我们需要对题目及内容要求给予正确的理解和分析，从而正确应对设计与环境、规划条件、形式特点和功能要求的分析与把握。

系统分析的主要任务是对设计方案的进一步深入，将任务书中所得到的资料集中，对组织空间环境的整体状况、形式内容的表现处理过程进行分析，为优秀的设计提供所需内容，同时可以提交设计方案的说明内容。对于所有的设想和方案进行分析、研究、比较、判断和选择的过程，同时会获得一个最佳的表现方案，以帮助设计者将它明确地表达成画面效果。

另外，室外快题设计的特殊性，也决定了分析思维始终贯穿于整个设计的过程，分析题目第一个要注意的问题是：看清题目和内容要求，正确理解。

1)功能制约——由内到外。

①各功能空间的流线要求（特别是比较复杂的建筑）；

②各功能空间的面积分配（方块图，面积，形态）；

③总建筑面积为500m^{2}时，在基地上大概占多大面积；

④各功能空间的开放程度，空间的对内和对外的关系；

⑤各功能建筑或功能设施在空间的朝向要求，主要和次要的需求；

⑥各功能空间的动静要求，如图书馆，休闲长廊等。

2)环境制约——由外到内。

①车流，人流；

②朝向，景观——界面控制；与周围建筑的功能关系，分析基地（在基地上画十字，分析各个部分对道路和环境的关系）；

③建筑形态、园林形式和景观的环境意义——围合，对周围环境的影响。

2.1.2 构思与草图

构思通常是指创意灵感的源点，是独创的，只有个体生命才有可能最先萌发创造的意念。构思是总体性思维过程，它是一个呈现着系统性的、有中心及层次的、物化的整体性思维活动。构思也是应用设计活动中承前启后的一个环节，对方案设计成果水平的高低有着决定作用。

草图是按一定画法要求徒手（或部分使用绘图仪器）绘制的图，即设计草稿。绘制草图是创建设计效果的第一步。草图多是二维的，也有三维草图。草图画的效果好不好主要看线条的曲直度，如图2-1-1所示。

图2-1-1　构思草图之小区广场景观

构思与草图是快题设计初始阶段的设计雏形，两者互相依存。表达设计思想时以线形勾勒的方式为主或辅以简单的颜色涂绘，多是思考性质的，一般较为潦草（多为记录设计的灵感与原始意念），不追求效果和准确性，甚至还会加入一些说明性的语言文字。构思与草图还可以帮助设计者进行形象和结构的推敲，并将构思的过程表达出来，以便对设计师的构想进行再推敲和再构思。构思类草图更加偏重于思考的过程，一个形态的过渡或一个结构的确定都要经过一系列的构思和推敲，并通过画面辅助完成。

总而言之，构思与草图是设计之初的重要过程之一，有了构思就要在第一时间以最快捷的办法把草图记录下来，这样会对后面的设计过程带来很大的帮助。

2.1.3 方案设计

方案设计是有计划实施设计理念的具体表现，也是一系列方案实施的重要步骤，包括了解该方案的目标、对功能需求的认识与表现等。由于每个人的知识结构、设计经验和动手能力各不相同，因此考虑方案的出发点也不相同。很多常识性的知识是生成新方案的出发点，但是在实际教学中发现有些同学不仅常识欠缺，也不习惯主动利用常识进行推演的思维方式，导致方案内容空洞、缺乏深度甚至不合常理。对于方案设计的实施通常在最初阶段采用徒手草图的方式，分析与了解形成课题的因果假设，提出相关的快题方案，进行方案系统架构的设计，评鉴题目的难易程度，并对该方案的最终效果做出准确的定位。例如方案的设计方向想要解决的问题是什么？该方案想要满足的功能需求是什么？该方案的设计表现风格及特色是什么等。

方案设计的过程一般以概念思维的方式来表现快题设计的内容，是设计画图过程中非常重要的第一步，它可以帮助我们快速地形成某种创意思路。对于任何一个方案设计，徒手草图都是促成设计想法的最有效的方法。在日常的快题设计学习中，我们应该学会随时记录下各种探索性的想法，并附上简短的说明。

另外，方案设计是一种有目的的策划，在快题设计中需要用造景元素的组合与搭配来完成方案的设想和计划，用文字和图形把设计信息表现在图面上，让人们通过这些造型元素了解设计者的设想和计划，这才是方案设计的真正意义。

（1）方案设计的主要内容

1)设计说明（包括项目背景、用地条件、设计理念、设计特点、设计构思、种植设计说明等）；

2)总平面布置图；

3)环境景观（园林）设计空间、视线分析图；

4)环境景观（园林）设计交通、道路组织图（规划道路、消防通道、步行系统、地下车库出入口等）；

5)环境景观（园林）设计功能分析图；

6)总平面竖向设计图；

7)总体剖立面图；

8)地面铺装设计图；

9)灯光配置方案性设计图；

10)标识牌、背景音乐、垃圾桶等家具平面布置图；

11)分区平面放大图（主入口、次入口、重要节点等）；

12)细部平面、立面、剖面设计图；

13)植物配置意向性设计图；

14)反映景观（园林）设计意图的效果图多张（包括整体鸟瞰图）；

15)参考意向图片（小品、铺地、植物、空间形态等）；

16)其他能表达设计意向的图纸；

17)方案设计估算书。

（2）扩充设计的内容

1)在方案认可的基础上设计；

2)设计说明；

3)总平面设计图（功能标注）；

4)分区平面设计图；

5)竖向设计图（包括排水意向图）；

6)表达竖向变化的剖立面图；

7)分区详细竖向设计及排水平面图；

8)表达设计的剖立面图；

9)地面铺装总平面图；

10)分区铺装平面设计图（含铺装材料图片及铺装方式索引）；

11)绿化配置说明书；

12)绿化布置图（包括总平面、乔灌木、地被三部分）；

13)植物参考图片；
14)重点地区的放大详图；
15)景观（园林）设计中小品的平、立、剖面图及节点大样图；
16)灯光、喷泉、喷灌系统定位及效果设计图；
17)室外景观装修材料说明及样本；
18)标识、垃圾箱、座凳等小品（定位、选型或意向性设计等）设计图；
19)背景音乐系统布置图；
20)设计师认为能表达设计的其他图纸。

2.1.4 绘图表现

绘图表现是室外环境景观（园林、建筑）快题设计表现的一种传统表现形式，是表现和再现结合的艺术，这里的表现指把方案表达出来的方法。通常的手绘图稿多表现为素描彩铅绘、勾线淡彩、图示记录等，它是快题表现设计过程中设计思维的记录，也是室外快题设计创作的基础和艺术思维最直接的体现。现如今在电脑绘图盛行的时代，手绘表现在室外园林景观（建筑）快题的设计当中有着它特有的艺术魅力和意义。就目前高校环境艺术设计专业而言，学生普遍都热衷于电脑绘图，导致学生动手表现设计图的能力大大下降。事实上，电脑制图目前只能在制图效率和质量方面比手绘图有很大的精确度，但其自身也有难以克服的弱点，例如，缺乏思维与感觉上的原创性和艺术性。对于室外快题设计来说，手绘图的表现方式可以更好的锻炼和考察学生的应变和动手绘图分析的能力，具有更深远的意义，这也是室外快题设计表现（训练）的主要手段，如图2-1-2、图2-1-3所示。

图2-1-2　快题手绘平面图

图2-1-3　快题手绘方案设计

1. 手绘图表现是体现艺术思维的重要途径

在方案设计过程中手绘图表现则是作为设计创作的基础和艺术思维最直接的体现，一个方案之初，设计师灵感的体现、艺术的感知等无不是用手绘来记录和表现的，手绘图是解决设计问题的一个过程。值得注意的是方案中很多概念性、写意性和趣味性的东西电脑是表现不出来的。特别是情感性的元素，手绘图更能体现一个设计师的艺术思维、审美能力。同时，手绘过程又能开拓思维空间，激发设计师的创作力和想象力，这也使手绘图表现更加灵活自由。就设计方法来说，手绘图不单是一种理性的方法，更多的是带有设计师个人的情感因素和美学素质的一种感性体现。

2. 手绘图表现在快题设计中的作用及影响

手绘快题方案可以更好的体现作品对环境人文性、艺术性的表达。室外园林景观（建筑）手绘表现作为一个特殊的画种，有特殊的技巧和方法，对表现者也有着多方面的素质要求。一个优秀的表现图的设计一定是出自具有很好的绘画表现力和艺术审美力的人。一个好的手绘设计作品不仅是图示思维的设计方式，还可以产生多种多样的艺术效果和文化空间。手绘的表现过程是扎实的美术绘画基本功的具体运用与体现的过程。一个好的创意，往往只是设计者最初设计理念的延续，而手绘则是设计理念最直接的体现。手绘是设计的原点，手绘图的绘制过程有助于进一步培养、提高设计师在快题设计表现方面的能力，提高对物体的形体塑造能力，提高处理明暗、光影、虚实变化 、主次等关系及质感表现、色彩表现与整体协调能力。在一定意义上，作为快题设计表现的重要环节，绘图表现在环境艺术设计中发挥着重要作用及其影响，同时更能体现出设计人员的审美能力、美术功底和真实才华。

2.1.5 快题设计的时间分配

快题设计对于时间的把握来说是尤为重要的，特别是在有限的时间里将快题设计的方案构思细致、明确的展现出来，是一个有计划实施设计步骤的过程。快题设计一般分为平时的课程类快题设计或工程项目类设计、考试类室外快题（考研）或用人单位考试这几种类型，他们在时间的使用上存在很大的区别。不管是何种快题设计类型，都要在规定的时间里做好合理的时间分配，这会对最终方案效果的展现有着最直接的影响。

（1）平时课程类快题设计

课程类快题设计一般指由专业课老师根据课题方向给出的设计任务书，要求在2～3个工作日左右的时间内完成一个设计课题，在时间上比较宽裕。课程类快题设计对于绘图表现的手法不限，但对于线条、标注来说要求工整严谨、规范；其构图美观，在造型、色彩、材料、工艺等方面的综合设计水平要高；表现图能准确的体现其设计思想和创意；设计说明思路清晰，层次分明，说明恰当，字迹要工整等。

在时间分配上应按照一定的顺序进行合理的分配，以确保设计方案的顺利实施，提高设计效果的质量有着重要的意义。平时做课题，第一，要总结适合自己的方法，看好和理解题目的要求与内容，约0.5小时；第二，用小比例图纸明确各个大分区之间的关系，约0.5～1小时；第三，按绘图要求比例在草稿纸上用铅笔绘制方案，把所需的设计内容放进去进一步构思方案，约2小时；第四，在剩余的时间里把图细化，包括上色时间，直至完成。也就是说各段时间的分配过程中，先画总平面规划图，其次是主立面和透视图。透视是最重要的表现部分，而画透视的话，先得把主立面画出，然后在后面的时间里将次要的立面图绘制出来，完成这个过程后，才能将透视效果图绘制出来（一般采用一点透视法），最后剩余的时间将相关的说明性文字加到方案中，设计任务完成。

在有效的时间内完成实施方案的内容包括：设计分析与构思、概念设计、平面功能配置、分区流线规划、平面图绘制、剖立面和竖向设计及剖立面图、透视图。

（2）考试类室外快题设计

考试类室外快题设计的绘图过程与平时的课程设计或工程设计不同，它有很具体的时间限制。通常考试时间有两种，第一种是3～4小时快题设计，第二种是6～8小时快题设计。这两种快题类型在时间使用上要统筹划分，合理安排才可以。同时其表现手法要灵活，线条并不要求工整严谨，但又不能过于潦草，因此绘图的时间一定要加快。由于时间的关系，在方案初期阶段，不一定用肯定的线条来研究设计问题；而在定稿阶段，时间可以花多一些，这样绘制正式图时就省事多了，只要照抄定稿图就行。有些应试者在方案还犹豫不定时，就急于绘制正式图，结果一边画图，一边修改方案，反而耽误了许多时间，图面效果也不理想。

在考试中，一定要科学分配时间和精力，按照制定好的计划实施，充分保证设计和画图的时间使用。从画图时间来看至少要留够60%时间，其设计构思大约会占到40%的时间。而画图的60%还要进行细分，比如平面图占20%，剖立面图占15%，分析图占5%，透视图占20%，并且按照考试前准备好的版式布局在图纸上。

值得注意的是，每个人在时间安排上会有所不同，要因人而异。在快题考试中，把任务书要求的内容全部表达出来十分关键，漏画任务书要求中的内容会导致扣分甚至不及格，因此绝对不要在开始画图时将一项内容做得过分深入，从而影响后面内容的表现及修改调整，影响设计成果的质量。在考试中一定要严格控制各项工作的进度，设计工作很难做到完美无瑕，如果总想在设计阶段反复推敲，就一定会占用画图的时间，导致原本很好的设计构思得不到充分的表现，只能潦草画完图纸，不能达到好的设计表现。

2.2 室外快题设计的类型

室外快题设计的类型一般可分为景观快题设计、风景园林快题设计、景观建筑快题设计和小区规划快题设计四种类型。它作为室外快题表现的一种基本作业形式和考核项目，都是在较短的时间内完成对景观、园林、建筑或外部环境的规划设计。这些类型强调从文字到图形的表达，考察设计者在专业上的设计能力、方案构思能力、基地分析能力、概括能力、创意能力、表达能力、深化能力和理性判断的能力。

2.2.1 景观快题设计

景观快题设计是快题设计的一项类别，属于景观专业类别的快题设计，也是一门集艺术、科学、工程技术于一体的综合性的应用学科，与其并列的有建筑快题设计、城市规划快题设计等。作为景观类别的快题设计，其内容是围绕景观的范围来进行设计的。诸如区域规划、城市规划、社区规划、道路规划、城市公园、城市广场、滨水区设计等方面，因此，景观快题设计的任务书与景观的设计实践大致相同，也涉及广场、校园等的景观设计。

具体的讲，就是根据设计中的要求在一定的地域范围内，运用景观艺术和工程技术手段，通过改造地形、种植植物、营造构筑特色和布置园路等途径创造美的自然环境和生活境域的过程。通过景观快题设计，使方案中的环境具有美学欣赏价值、日常使用的功能，并在设计中遵循生态可持续性的发展观念。另外，也在某种程度上体现着对人类文明的发展程度和价值取向及设计者个人的审美观念，如图2-2-1所示。

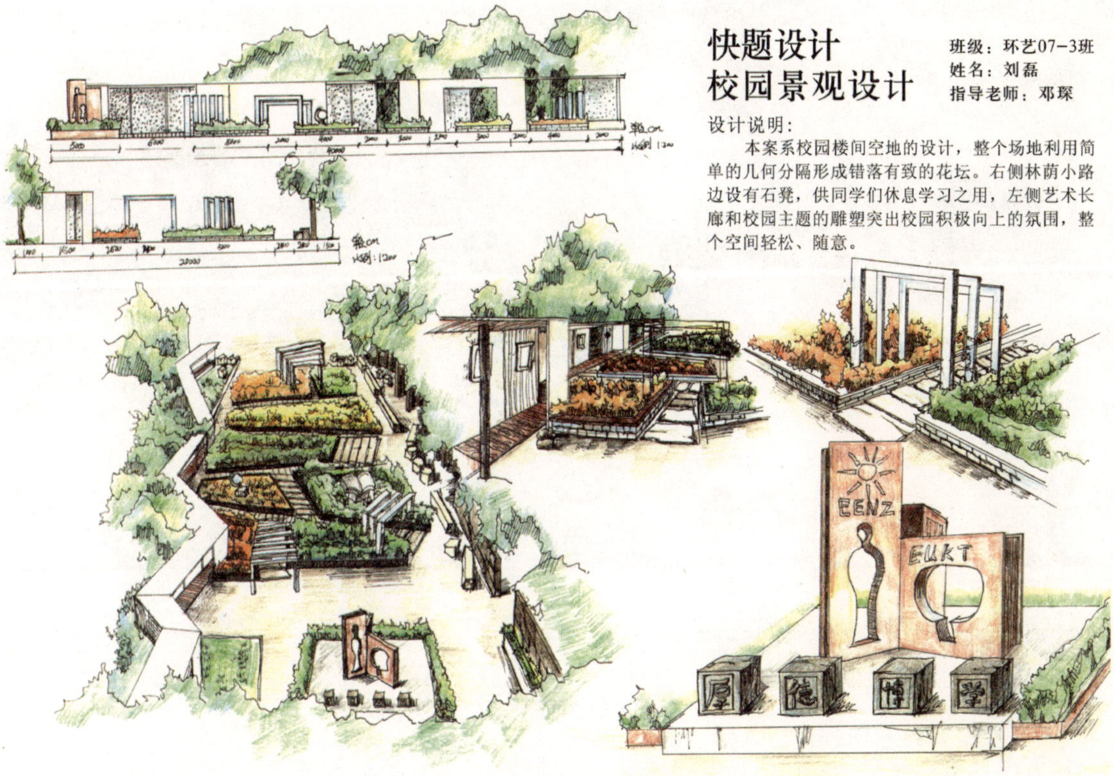

图2-2-1　景观快题设计的方案表现

2.2.2 风景园林快题设计

风景园林快题设计是将自然地貌空间性质的场所进行功能分析，并将空间、植物、人群行为等一系列景观元素合理地处理和艺术地表现。用最通俗的话来讲，风景园林快题设计就是运用各种造景手段与造景元素，创造宜人环境的过程。

值得一提的是，目前我国对于园林设计和景观设计的概念存有不同的观点，但在本质上并没有太大的区别，是同根同源的，只是国内流派学术观点不同而已。

对于风景园林的快题设计来说，风景旅游地（或风景名胜区的景区）的规划和设计、自然地和历史文化遗产地的规划和设计、城市与区域生态基础设施的规划和设计，以及花园、公园、墓园和绿地系统的规划和设计等，这些都是其快题表现的设计范畴。

总而言之，风景园林快题设计的最终目的是要创造出景色如画、环境舒适、健康文明的游憩境域。一方面，风景园林是反映社会意识形态的空间艺术，要满足人们精神文明的需要；另一方面，风景园林又是社会的物质福利事业，是现实生活的实景，所以，在快题设计中还要满足人们良好休息、娱乐的物质文明的需要，如图2-2-2所示。

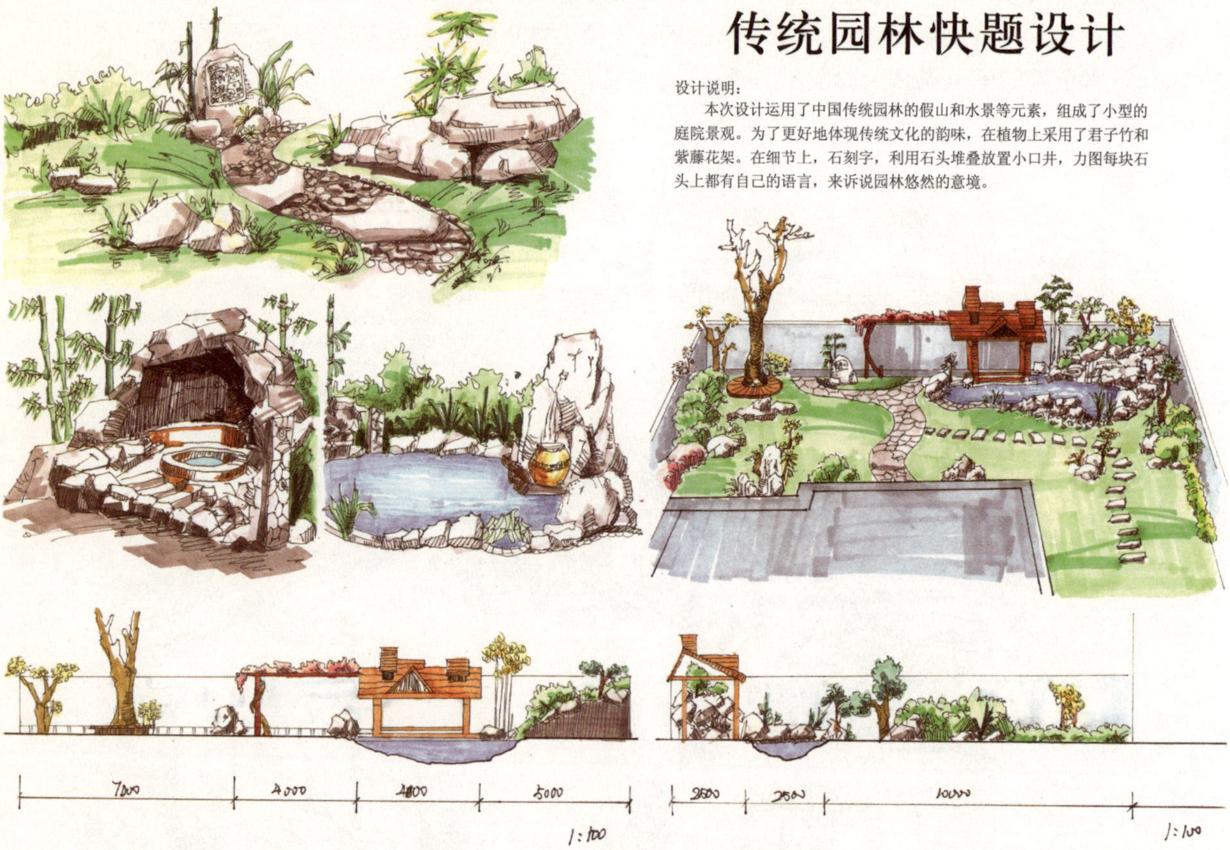

图2-2-2　传统园林快题方案表现

以下是风景园林快题设计中需要注意的八个忌讳：

①忌追求高档，豪华，远离自然，违背自然。

②忌盲目模仿，照搬照抄，缺乏个性。

③忌缺乏人文关怀，不顾人的需要。

④忌只注重视觉上的宏伟，气派，高贵及堂皇的形式美，而不顾投资及日后的管理成本。

⑤忌忽视与当地环境的和谐统一，破坏整体的生态环境。

⑥忌对园林植物随意配置。

⑦忌只注重一种植物，忽视园林植物配置的多样性。

⑧忌只注明园林植物的种类，不明确具体品种和规格。

2.2.3 景观建筑快题设计

景观建筑快题设计是景观和建筑相结合的一个分类，景观主要针对环境，建筑主要是针对建筑设计；也就是以建筑为主，景观设计为辅，包含景观小品在内的一个快题设计类别。其表现的主要方向是城市规划方向，例如小区环境布局规划、居住区、学校等的规划设计。

景观建筑快题设计是对具备一定功能内容的建筑物及其场所环境的设计，以建筑物的内部、外部功能的恰当理解和建筑形态的艺术表达为主要内容。一般在景观建筑的快题设计中所表现的题材还常与风景区、公园、广场等景观场所中出现的建筑或本身具有景观标识作用的建筑联系较多。值得注意的是，在景观建筑的设计表现时还要考虑到其具有景观与观景的双重身份。就景观建筑的快题设计来说，它不同于一般的单体建筑设计，相比更注重环境与文化、生态节能，以及造型之间的整体结合，尤其对景观与观景和谐等特征的把握，如图2-2-3所示。

图2-2-3 景观建筑快题方案表现

就我国目前的景观建筑快题设计而言，在设计表现中应注意以下几点内容：

1)室外景观（园林）设计与建筑设计不要彼此孤立，要融合建筑、规划、景观设计的理论与方法，使其互为补充，互为支撑，增强设计的契合；

2)建筑设计的领域，突出建筑的景观作用，同时也要突出建筑的观景作用。更为重要的是突出观景在建筑设计中的意义，将室内外空间有机融合；

3)重视自然材料、通风、采光以及其他生态节能技术在景观建筑中的应用。

2.2.4 小区规划快题设计

小区规划主要指的是住宅小区或城镇小区的规划设计，对于快题类的小区规划设计来说主要以人居环境，体现以人为本的设计理念，通过多元化的组织手法表现有个性有特色的主题空间环境。而在实际设计中，则强调小区环境资源的均享，并按照一定的价值区域进行区内功能比的规划与确定，通过技术整合将低价位区调高，以突出其鲜明的时代特征和创新性。例如强调区内间的日照、通风、朝向、造景以及内外部环境的融合贯通等。

在空间布局上，应着重建筑空间的层次感。运用行列式和围合式的不同组合，精心布置小区中心公共开放空间以及住宅建筑围合的其他邻里空间，创造多个景观亮点，丰富建筑空间环境，优化组团园林设计，使各种不同的组团可以相对独立地进行功能化设计，从而形成独特的构思设计，如图2-2-4、图2-2-5所示。

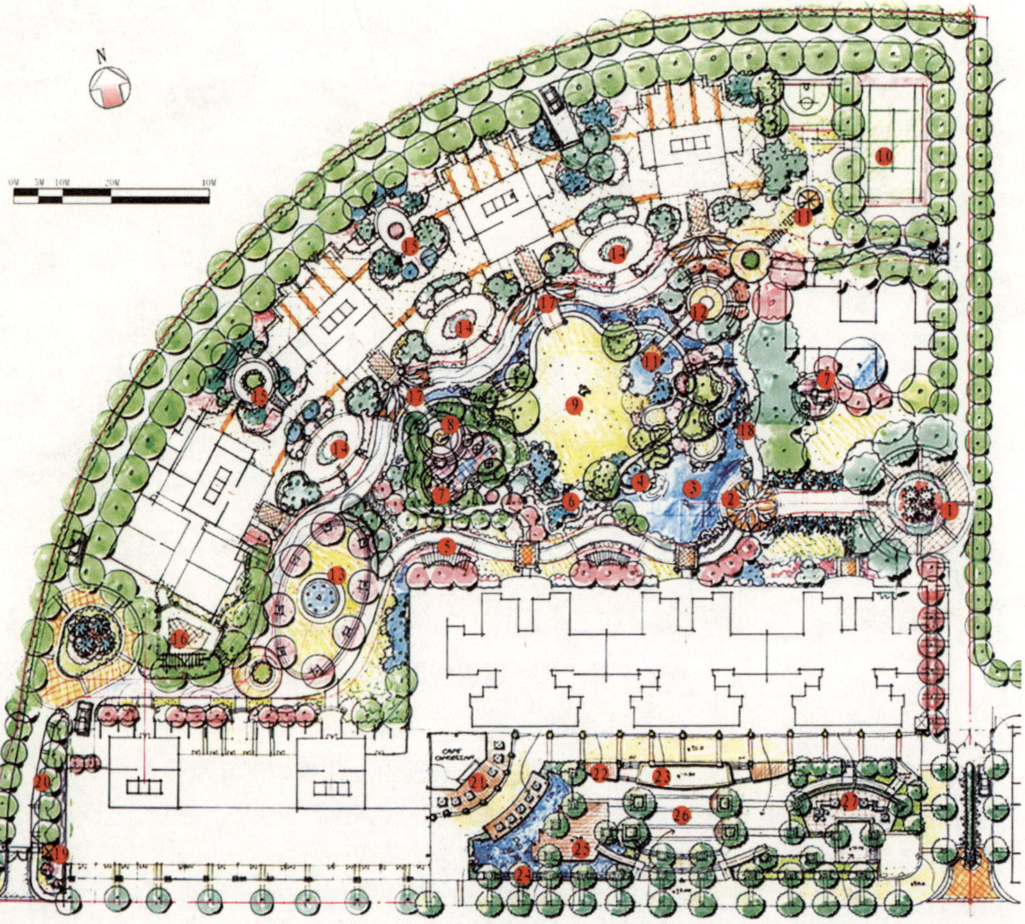

图2-2-4 小区规划快题设计的平面表现

小区景观
快题设计

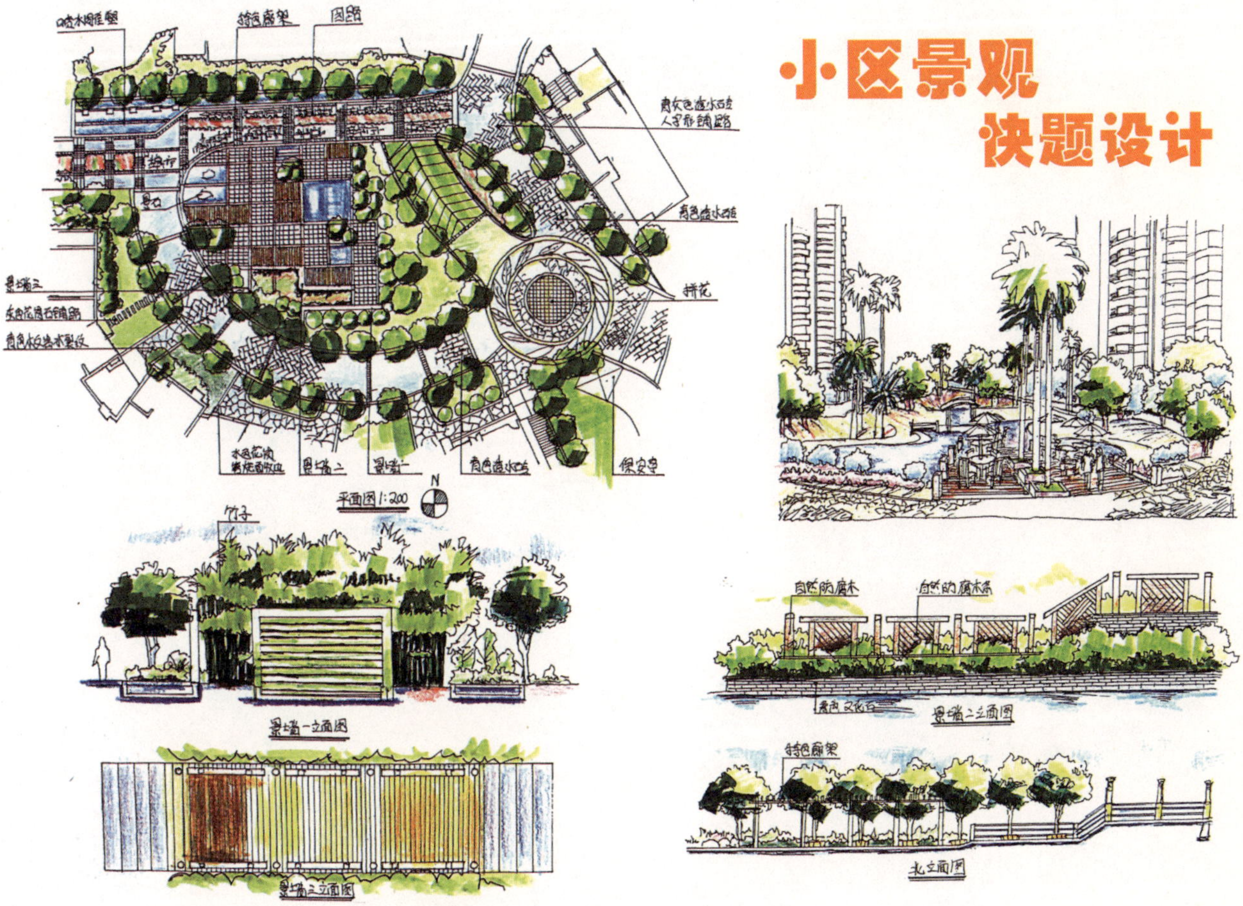

图2-2-5　小区景观快题方案表现

在景观的营造上，体现人性化设计，注重实用性，参与性，确保安全性。小区环境的规划与营造要以满足人的生理、心理、文化、交往等多方面需求为根本出发点，体现人在环境中的中心地位，体现出对居住者实际使用时的安全和便利的人文关怀，要摈弃华而不实、中看不中用的表面作秀。例如，小区花园和广场应注意区内道路及场地设计要符合残疾人无障碍通行要求；运动器械要考虑老人、孩子的活动特点,考虑与其相接触时的舒适性、安全性以及使用的耐久性。而对于小区配套设施可巧妙地运用符号化进行设计处理，对区域环境的划分要有明显标识，以加强人们的领域感和归宿感。

另外，小区规划的快题设计表现多以迂回的设计手法来增强其空间的层次效果。优秀的住宅小区规划设计内的主干道就多采取迂回的设计形式，而不是画十字，打格子，为道路景观提供变化。区内小路则以幽径为主，设计中还应考虑到减少汽车流量，降低噪声保持空气清新等。

第 3 章
室外快题设计的表现技法

SHIWAIKUAITI
SHEJI

3.1 绘图技法概念

绘图技法又称表现图技法，其特点：①利用绘图工具将图像或图形通过设计师思维和设计理念的视觉传达手段用手绘图的方式进行表现；②绘图技法是快题设计中必需要掌握的交流语言和设计语言。设计师运用娴熟的各种技法将表现图中的创意构思表达出来，是一种能够使我们准确了解设计方案、分析设计方案并科学判断设计方案的依据。它是对室外环境设计的一种综合表达，是快题设计方案实施的预想图，它被广泛地应用于景观建筑设计、景观园林设计及相关环境艺术设计中，成为设计程序中必不可少的环节。

室外快题设计表现上与速写很相似，但在内容上是有区别的。速写注重表现形式和技法的训练，而室外快题设计更注重构思和创意。室外快题设计一般是有设计命题的，它不仅是对外部环境的原创速记，还必须对外部空间中的内部结构进行分析记录。所以，能够娴熟的掌握好绘图的表现技法，对培养学生和设计师的创造力和表现力起着重要作用。

与此同时，设计过程本身就是一个合理而科学的体系，一切表现手段都应该为其设计内容服务，而手绘表现的技法方式也应是贯彻整个设计过程的始终，为解决设计问题提供有效而快捷的方法。从实际操作角度来看，结合教学全面提升学生设计表现的手绘能力不仅对于他们掌握手绘效果图技法有促进作用，而且对于学生今后在设计创作实践中不断加强完善设计方案的能力也具有十分重要的意义。

按照室外快题的表现技法，其表现效果可以分为构思创意草图与效果表现两类。

1)构思创意草图是设计初级阶段最常用的表现方法，设计师在设计思考过程中用快速的方式捕捉设计灵感，用大量草图来推敲造型变化，在交流设计方案时也会运用草图对设计方案进行分析，这种随意性很强，绘制方法简单、快捷，表现手法多样。

2)效果表现图是指经过设计师反复推敲分析之后被最终确定方案的效果图，由于已经被设计方确定为正式方案，所以在绘制时往往格外细心，会投入很大精力认真进行绘制，充分表现设计意图，以及空间、材质、照明的最终效果。

3.1.1 绘图工具的使用

绘制快题方案通常采用手绘图的形式为主，可供绘图的工具有很多。除了绘图用的纸以外（打印纸、绘图纸、水彩纸、水粉纸），还包括各种角尺、直尺、蛇尺、云型板、圆规、水粉笔、水彩笔、水溶铅笔、板刷、铅笔、针管笔、美工钢笔、马克笔、水彩颜料、水粉颜料、橡皮、纸巾、海绵、抹布、涮笔筒和色卡。目前在快题设计中常采用马克笔或钢笔加淡彩手绘方案的效果比较流行，但是用马克笔绘图在一般情况下会略显粗糙，而用水色绘图，则效果最佳。所以，在使用这些绘图工具时，首先要熟悉他们的使用特性，才能更好地、快速地表达方案构思，以确保更好的效果。

在快题设计的初期，有时候需要经常修改，这是练习的一个过程，如果熟练掌握了就不用了，可以直接用针管笔绘图，连铅笔和橡皮都省了。在绘图中常用到的工具有如下几种：

（1）纸

在快题表现的过程中，根据任务书中的要求选择普通80克A4或A3打印纸就可以，当然也可以根据实际情况选用水彩纸或者其他厚实的纸做成稿表现。

（2）尺子

对于各种直尺和模型板的使用，建议在画透视效果图的时候尽量少使用，否则会使画面略显生硬感。但是在绘制平、立、剖面图时可以使用。

（3）笔

笔的使用，起稿时可用2B的铅笔或者好用的自动铅笔都可以。然后用针管笔勾线，因为针管笔的线条粗细均匀，推荐“德国辉柏嘉Faber-Cast ell ”或“红环”的都可以，通常会选用0.1mm、0.2 mm 、0.3 mm 、0.6 mm和0.9mm粗细的针管笔。而马克笔可分为油性笔和水性笔两种，油性的推荐韩国的“Touch”，水性的推荐韩国的“For GRAPHIC ARTISTS”的。马克笔比较容易滋入纸张，使用平涂的技巧尤应注意。彩色铅笔最好选用水溶彩铅，因为平涂之后可以用水彩笔沾水晕染出很多漂亮的效果，还是推荐“辉柏嘉”牌的，画在纸上线条流畅，上色好。对于水彩笔和水粉笔来说其柔软度、吸水度是不一样的，但在快题表现中都是可以使用的，其圆头笔和扁的笔刷也都需要；这还包括0号的勾线笔，从小号到大号的，要看画幅的大小了，用途都不太一样。

（4）水彩颜料

颜料推荐“辉柏嘉”的，性价比好。水粉用“玛丽”牌的就可以。

（5）橡皮

橡皮要用4B软橡皮，使用中可将铅笔留下的印迹擦得非常干净而不破坏纸质效果。

3.1.2 透视原理的运用

透视图一般分为四种：一点透视、二点透视、三点透视和轴测图。而在绘制平、立、剖面图时多以二维图进行展现，不需要透视效果。我们下面分别介绍四种透视图。

（1）一点透视

一点透视也叫平行透视，如图3-1-1（a）所示，其特点是物体一个主要面平行于画面，而其他面垂直于画面。所以绘画者正对物体的画与画面平行，物体所有与画面垂直的线，其透视有消灭点，且消失点集中在视平线上并视心点重合，这种一点透视的方法对表现大空间的尺度十分适宜。

一点变两点斜透视，还有一种接近于一点透视的特殊类型，即水平方向的平行线在视平线上还有一个消失点，这种透视善于表现较大的画面场景，一点透视纵深感强，表现的范围宽广，适于表现室外景观、园林空间等。因此这些透视法一般用于画庭院、街景或表达物体正面形象的透视图。但其缺点是比较呆板，画面缺乏灵活变化，如图3-1-1（b）所示。

图3-1-1（a） 一点透视

图3-1-1（b） 一点透视

（2）二点透视

二点透视也叫成角透视，是指物体有一组垂直线与画面平行，其他两组线均与画面成某一角度、而每组各有一点消失点，如图3-1-2所示。因此，成角透视有两个消失点，由于二点透视较自由、灵活、反映的空间接近于人的真实感受，易表现体积感及明暗对比效果，因此，这种透视法比较多的使用在室外景观效果图的表现中，缺点是如果角度选择不好容易产生视觉变形效果。

图3-1-2　二点透视

（3）三点透视

三点透视，又称“斜角透视”物体倾斜于画面，任何一条边不平行于画面，其透视分别消失于三个消失点，三点透视有俯视与仰视两种，三点透视一般运用较少，适用于室外高空俯视图或近距离的高大建筑物的绘画，例如，景观建筑快题设计的表现，如图3-1-3所示。三点透视的特点是角度比较夸张，透视纵深感强。

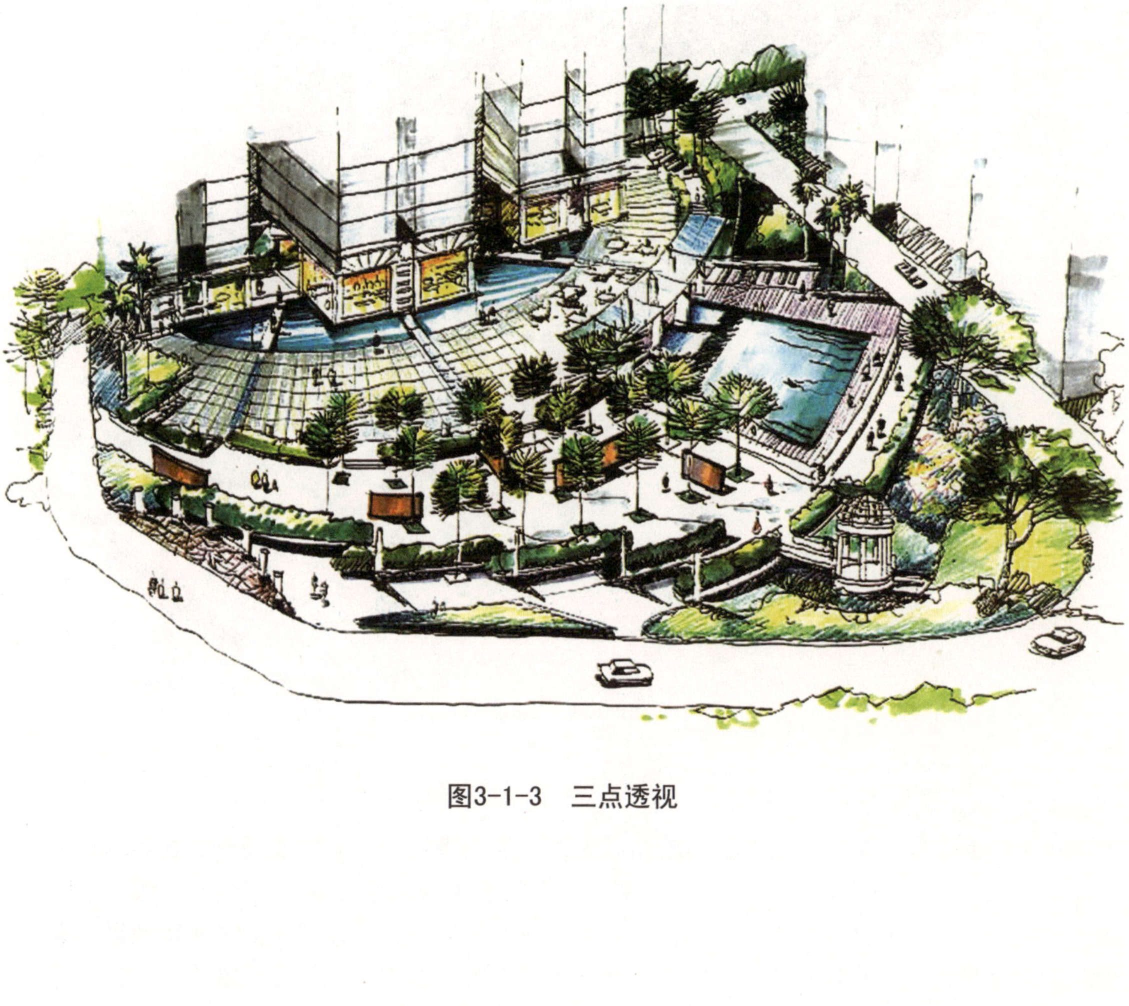

图3-1-3　三点透视

（4）轴测图画法

轴测图画法是利用正、斜平行投影的方法，产生三轴立面的图像效果，并通过三轴确定物体的长、宽、高三维尺寸。同时反映物体三个面的造型，利用这种方式形成的图像称为轴测图；轴测图适用于规划设计类的表现，如图3-1-4所示。

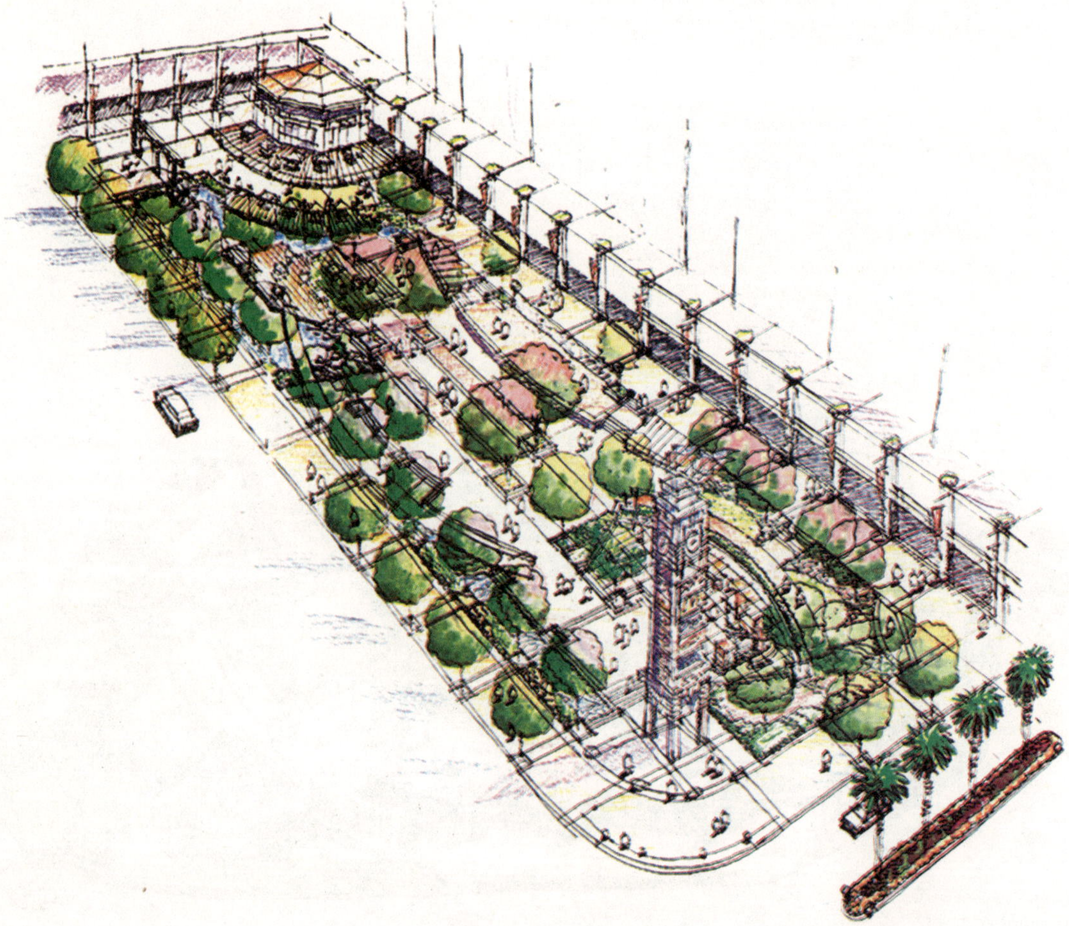

图3-1-4　轴测图

3.1.3 表现元素的理解

一个好的设计方案除了要有好的创意以外，还需要借助于一定的表现形式才能得以完成。在实际的设计中有很多种表现元素需要设计师将其选用和搭配，从而形成不同的设计方案效果。例如点、线、面元素的组合应用，这里除了一些具体的、形象的符号，也泛指现代表现元素和古典表现元素。我们对表现的元素要有一定的了解与认识，把握好元素的形态特点，有些表现元素或许是不起眼的，但是通过巧妙的构思与搭配后，也许会产生独特的魅力效果。所以，根据不同的主题（或不同的命题）要求，在室外快题设计的过程中要理解元素的作用，并将表现元素按照一定的设计形式组合起来，这对于成功方案的展现具有重要的意义。

（1）创意图形的设计

创意图形的设计是根据景观元素、建筑构件、园林植物等主体形象来传递信息的，是通过不同元素的“构景”进行组合而使空间相连，进而构成完整的视觉环境，传达出完善的信息。因而在创意的过程中必须考虑如何以“形”达“义”的视觉效果，创造出一种与设计构想相一致的形式。然而，一个完整的快题方案是由室外形象元素组织构成的，所以在创意图形的形式创造中首先要注意的是收集与整理所需的表现元素，然后再将这些元素构建成完美的自然环境，如图3-1-5所示。唯有独特的设计表现元素才能构成独特的视觉语言，才能成为一件新颖的设计作品，而这种元素的寻找可以从以下几个方面来达到:

图3-1-5 创意图形的设计

1)在解构的过程中去寻找。当我们面对一个构件元素时，不妨对其进行分解。这种分解往往能产生多种视觉形象，一般都能不同程度地代表原来的完整物形。然后在其中去寻找最具代表性的形，以达到以一当十的效果。

2)在同构的过程中去寻找。同构是一种新奇巧妙的构思方法，它采用影射和借代手段，用日常生活中人们熟悉的元素形态，以一种新的、前所未有的同构方式加以组合，把要传达的内容用其他物象表达出来。因此，同构主要是结合求新、求奇的心理状态，运用联想与对比方法达到快题环境表现的目的。用同构方法设计的快题作品会产生幽默诙谐、出人意料、过目难忘的视觉效果。通过这种同构方式得到的新构筑元素使人既熟悉又陌生，会引发观者极大的好奇心，从而使设计的方案效果变得更加具有独特性。

3)在发现与创造形的过程中寻找。首先要明确的是形的概念，形不仅包括具体表现内容的形，也包括由一些非具体内容而传递出感觉、信息的形体元素。概括而言，一切能在室外环境中营造构景的行为都可视为形，因而可以说，一切有视觉触动的行为结果都可成为视觉元素，尤其是那些不成形的形式或偶然形，往往能准确地表达设计含义，例如假山、月门、奇石、怪树等。此外，还可以通过对物形的观察角度的变化而获得一些具有奇特视觉效果的形。将一些看似平常的物形进行局部放大，往往可以获得新型的表现元素。

（2）创意图形的表现元素

创意图形的表现元素可以分为点、线、色彩、肌理等方面。

1)点：点的意念是无限的，可大可小。点可以引申出无穷的联想：其一，点自身的属性是无限的，可通过想象，将自然界中许多事物意象化为点的结构；其二，点的组合结构也是无限的，相同的点不同的结构方式，也会构成不同的形，意趣盎然，如图3-1-6所示。

图3-1-6 点元素

2)线：凡是具有方向性延伸的现象可理解为线的意象，同时，不同物形的排列，在人们心目中也会生成不同的意象，形成不同性格的线，如：流淌的小河，景观走廊两侧整齐排列的景观灯饰等。在创意图形中，利用不同性格的线和不同的线性组合，可创造设计出丰富的形式语言，如图3-1-7所示。

图3-1-7 线元素

3)色彩：表现元素在不同的环境中通过光的照射，会呈现出五彩缤纷的色彩，使造型元素赋予了漂亮的外衣，同时也具有了一定的立体表现感。人们对色彩有着敏感而直接的感受，而且在对色的认识上有趋于一致的特点，相同的形不同的色彩，给人的感受是不一样的，而且所传递出来的信息也完全是不一样的。由于文化、习俗、时尚等多方面的影响，不同的民族和国家的人又会对色彩产生各异的感受，如图3-1-8所示。

4)肌理：所谓的肌理是指表面的质地特征。一般而言，肌理本身不具有独立的语言特征，只是一种单纯的表象感，但从创意图形的设计角度而言，它是一种特殊的视觉表现元素，有相应的传达属性，肌理的选择与运用必须同“形”的创意相吻合，才能起到作用，如图3-1-9所示。

图3-1-8　色彩元素

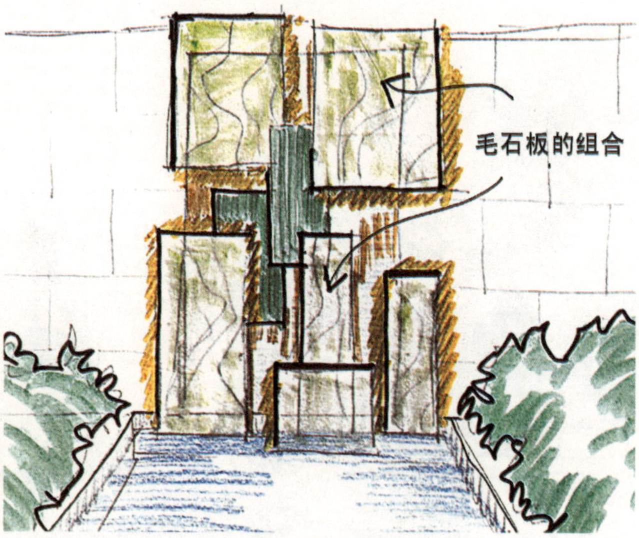

图3-1-9　肌理表现

（3）创意设计图形的空间元素

在室外快题的表现中，二维的图形元素在空间感上具有单纯、明确的形式特点。立体的三维图形元素可以使人感觉到空间的存在，现代造景元素设计是利用三维空间意象，创造视觉的错位和幻觉的时空，使人感受到空间的存在，更具有层次表现的效果。一般而言，空间设计元素包括各种形态的点、线、面、光影等方面，各种元素的组合会在室外快题表现中产生不同的立体感觉。可从五个方面构成立体感：

1)点、线的疏密变化可以在视觉上构成形的对比和面的转折。

2)点、线的大小与粗细变化可以造成视觉上的对比，如果变化按照一定的结构方式来进行，可形成凹凸感和远近感。

3)线的放射和转向可在空间上形成密集和松散的变化，而且线在方向上的改变还可产生面的转折。

4)渐层变化可以构成具有推移感的空间，在某个阶段的突然变化还可产生视觉上的转折感。

5)阴影的利用可产生立体感，因为影子总是和形体相伴而生的，利用影子自然会让人想起空间。

3.1.4 环境氛围的表现

随着人民生活水平的不断提高，人们对外部环境的要求越来越高，正逐步开始关注室外环境氛围的优劣对人类生存质量所产生的影响，同时对于设计人员来说也有着更大的挑战性。一个有品质的环境需要通过某种设计手段，将功能与人们的生存环境相融合，从而产生一定意义的环境氛围，给人们提供一个交流活动的空间。在表现上应根据人的审美需求予以设计和实施，注重环境的优美与实用，还要注重文化氛围的表现和生态化理念的表达。在快题表现中，应考虑所在地域自然环境及地方建筑景观的特征及设计要求，突出“安全、自然、舒适、宁静”的环境氛围，更要满足人的行为和心理需求。

在优秀的室外快题设计中，通过方案的构思表达不仅可以体现社会效益、环境效益及经济效益，还可以营造绿色氛围，构建绿色家园。例如，通过对小区室外环境场地和其他景观形象的创造，居民拥有了与自然界沟通的场所，人与人交往的空间，也从精神上创造了和谐融洽的社区氛围。

除此之外，环境氛围的表现还体现在可持续发展战略这一重要内容，这也是当今社会赋予我们的使命和责任。在全球倡导“爱我家园，保护地球”的今天，创建“绿色空间”，为人类创造优美如画的绿色环境，给人类提供良好的绿色文化氛围将是未来设计发展的一个重要方向。

3.1.5 构思草图的表达方式

构思表达的方式是在构思整合的过程中产生的，它是将主题意蕴用思想的灵感予以创造性的表达，从而形成方案构思创意的雏形，即构思草图的形成。在表达的方式上大概有以下两种：

1)结构方式。在室外快题设计的初期，常常通过快速的设计来表达构思的意，也就是需要一个好的结构方式，以完成整体内容的展现。不过，结构要服务于主题意蕴。高明、巧妙的结构，属于构思的内容，常常要靠灵感促发。整体内容的结构，最突出的是环境生活的客体内容：人物、环境、景观及其所存在的客观的逻辑联系。构思表达的目的在于内容的营造要符合主题的需要，使它们成为新的艺术生命的组成部分，以提升人居环境的功能品质。大体有几个方面：一是人物与人物关系的建立决定着构思方案的规模、层次和构架；二是环境和环境的设置；三是在具体创作构思的过程中，其结构的应用与处理要相融合、综合进行表达。

2)表达手法。选择并组合最巧妙的表现手法，更好地表达主题意蕴。例如方法流派的选择，结构处理手法的巧妙精美，这些表达方式还要考虑到接受者的感受。

3.2 快题设计技法表现

快速设计的技法表现，是设计中一个非常重要的环节。一般而言，我们通过所选择的绘图工具，对方案进行构思意图的表达方式。由于每个人在理解方式、风格和表现方式上存有不同的差异，所以在技法的效果表现上要因人而异。当然，在快速设计中勾画出功能平面图、立面图、透视图时的主要结构关系，建立相对完整的形体构架，这些仅仅表达了设计的空间关系，而对于材质、空间效果、整体氛围的表达，还需要加入一定的手法进行表现。

（1）铅笔技法表现

铅笔表现，所表现的是黑白灰明暗对比关系，在设计表现中具有非凡的表现力。一般绘图铅笔按软硬度之分，有6H～6B各种型号。H表示铅笔的硬度，数字越大硬度越高；B表示铅笔的软度，数字越大表示软度越高。H、2H或HB硬度的绘图铅笔一般用来打底稿、勾勒草图与轮廓，2B～4B用来表现暗部或有灰度的区域，5B、6B用于图中较重部分的表现。各类铅笔表达效果各不相同，用笔时的轻重缓急、力道变化需要多加练习，仔细体会。各种笔触、效果的协调配合，应使画面既精致细腻又不失概括写意，在快速设计中有力的配合设计作品的朴实、单纯之美，如图3-2-1所示。

图3-2-1　铅笔技法表现

（2）钢笔技法表现

钢笔表现是采用钢笔和墨水表现设计效果的一种形式。与铅笔表达不同的是，钢笔表现的黑白、明暗对比更加强烈。而对于中间过渡的灰色区域、更多地需要用笔的排线和笔触变化来实现。虽然整张图纸只有一种单色，却可以形成多种不同的明暗调子和肌理效果，视觉冲击力较强。在快题设计的表现中，我们可以采用不同笔宽规格的针管笔（从0.1～0.3mm较细规格，到0.5～1.2mm等较粗规格）。利用笔触的粗细变化适用于不同效果的表达。钢笔表现还可以与彩色铅笔、水彩等手法结合起来，形成表现力更加丰富的多种效果，如图3-2-2所示。

图3-2-2 钢笔技法表现

（3）彩色铅笔技法表现

彩色铅笔的种类较多。一般在快速设计表现中，较多地采用水溶性彩铅。它的总体特点是操作方便，不易失误，笔触质感强烈。常用的有12色、24色、48色等各种组合。彩色铅笔由于笔触较小，所以大面积表现时应考虑到深入表达所需要的时间。常常也用于和钢笔或淡水彩配合使用，如图3-2-3所示。

图3-2-3 彩色铅笔技法表现

（4）水彩表现方法

水彩是一种艺术表现力较强的表现方法。它既可以单独完成表现，也可和其他表现形式结合使用，如钢笔等。这种表现方式在快速设计表现中如运用得当，可以快速、极富感染力地表达设计作品。需要注意的是，水彩的使用对设计的纸张有一定的吸水性要求，在快题训练或考试中使用应在纸张选择上有所准备。另外，如在考场使用水彩表现技法时，其调色、用水等方面应更加小心，以免对设计图纸的其他部分造成影响，如图3-2-4所示。

图3-2-4 水彩表现

水彩渲染的一般步骤是：

1)在适合使用水彩渲染的图纸上描绘总平面图、相关立面图和透视底稿时，最好是将画好的底稿拷贝复制到正图上，避免在正图上使用橡皮擦图，以免破坏纸面肌理，影响水彩的表现效果。

2)先铺上大面积较淡的底色，以表现图的基本调子。

3)对设计作品的主要体量进行表达。一般采用先浅后深、由明至暗的顺序。

4)对一些重要表现的细部重点刻画，但注意不可主次不分，平均用力，把握好画面整体协调的主次、远近、明暗关系。

（5）水粉表现方法

水粉表现是另一种常用的快速设计表现方法。水粉渲染的颜色较水彩更加鲜明。色彩颗粒较大，具有一定的覆盖力和附着力，故可以多次上色，适于修改。

水粉渲染对纸张的要求没有水彩渲染的要求复杂，故对快速设计的图纸选择具有更多的适应性。操作中一般采用先暗后明，先深后浅的顺序，有时也可以将操作顺序反过来，但要注意画面的层次和不同色块的厚、薄与干、湿变化，如图3-2-5所示。

图3-2-5 水粉表现

（6）马克笔表现方法

马克笔表现是快题设计中常用的表现方法之一，它的特点是方便、快速、便于操作，其颜色固定，不用调和，干的速度较快。马克笔一般又称为记号笔，有油性和水性两种类型。油性马克笔适合用于光滑、不易书写的表面，如油漆表面、塑料、厚铜版纸等；水性马克笔适用于一般的绘图纸表现，如图3-2-6所示。

图3-2-6 马克笔表现

马克笔的笔头采用化纤、尼龙等化工材料制成，形状呈有一定角度的方形（或粗细不等的圆形），使用时不同的笔法可以获得多种笔触，从而获得良好的表现效果。商店中可供挑选的马克笔有上百种不同颜色，可根据自己的配色习惯和方式选择常用的笔号。

马克笔适合快速表达，但在使用时用笔要直爽，不要抖，更不要来回地描，那样会越描越乱。其实马克笔很容易掌握，我们可借助于尺子来控制排笔，使颜色具有层次效果。除此以外，在画效果图一开始可多用灰色，如果下笔前无法把握颜色是否正确，就先在白纸上试一下颜色比较好。

（7）混合技法

所谓混合技法，也就是非单一工具表现法，是由多种工具混合在一起使用的表现画法。也是在充分地掌握了多种技法之后的一种行为。

事实上，许多娴熟的学生和设计师，一般都是采用混合技法进行快题表现的。因为每一种工具都有其特点，也都有其局限性，如果能发挥各种工具的优点并把它们有机地结合在一起，那当然是一件了不起的事。但事实上，不可能也没有必要把所有的工具都结合在一起，只要能恰当地表现对象达到目的就可以了，为技法而技法是一件本末倒置的事情，运用时可根据需要来决定取舍,如图3-2-7所示。

图3-2-7　彩色铅笔+针管笔+水粉相混合的技法表现

（8）其他工具及技法

快速表现的方式种类很多，由于规定的限制较少，常常也会用其他的技法来获得独特、强烈的表现效果。如油画棒、炭条或喷绘技法等（注：在快速设计中运用较少）。如果平时多加练习，熟练掌握它们的特性和技术要求，这些方法也可以在快速设计表现中获得出色的效果，如图3-2-8所示。

图3-2-8 喷绘上色技法表现

3.2.1 平面图的表现技法

平面图亦称“总体布置图”，按一般规定比例绘制，表示建筑物，构筑物的方位、间距以及道路网、绿化、竖向布置和基地临界情况等。图上有指北针，有的还有风玫瑰图。平面图是表明功能区域及相关造型元素所在基础有关范围内的总体布置，它反映新建、拟建、原有和拆除的房屋、构筑物等的位置和朝向，室外场地、道路、绿化等的布置，地形、地貌、标高等以及原有环境的关系和邻界情况等。

所以，平面图承载了大量的设计信息，在平面图的表达我们可以按照基本的勾线表达法来实现平面规划布局的表达，为了达到易于辨认的目的，平面图中的线条要注意不同线型的变化，包括线型的宽窄（即粗细）变化，这样能够使画面层次感丰富，图面精致，如图3-2-9所示。

但是普通的墨线稿有时需要仔细辨认，并结合标注才能理解设计意图。因此，利用明暗表达法，使总图的建筑物、构筑物、植物等设计要素与基地的明与暗、正空间与负空间的关系对比得到充分表现，明暗调子显示出建筑物和构筑物、植物投下的阴影，它使得平面图更加立体、清晰、易读。

图3-2-9　总体布置平面图

3.2.2 绿化种植设计在平面图中的表达

绿化种植平面图用于说明设计方案中场地内各种绿化形式及其布置情况的示意方式，它能准确表达出种植设计的内容和意图。在正式的施工图纸内，绿化种植图用以指导具体施工，内容包括平面图、立面图、剖面图、局部放大图、苗木表等。而在快题设计类的绿植平面图表达中，则要求在图上按照一定的比例，将各种园林植物及植物品种的实际距离尺寸标注出来。平面图主要表示各种园林植物的种类、数量、规格、种植的位置、配植的形式等，在施工图阶段是定点放线和种植施工的依据，如图3-2-10所示。

图3-2-10　植物在平面图中的示意

在快题设计中，对于某些园林设计专业的课题或考试来说，有时题目要求有绿化种植设计的内容项，需要较为正式的种植平面图，因而大部分的景观快题类考试并不特别要求种植设计，可以根据设计构思，利用植物的形态、季相来丰富设计方案，并对种植设计有所说明。因此，应试中的绿化种植设计常常是附属内容，可以根据需要和时间来选择是否做。并且，还可将绿化种植设计的内容与总平面图相结合，一是节省作图时间，同时又对种植设计进行了说明，丰富了图面表现性，如图3-2-11所示。

图3-2-11　绿化种植平面图

3.2.3 功能分区图的表现

功能分区图是在平面图的基础上加入线框的方式框出不同功能性质的区域，并在图的空白处标注清楚分区的名称。正确的表达方法应注意在绘图时按照一定宽度的虚线(也可以用实线)将区域作概略的框选，然后在内部可以填充上半透明的色块。每一个分区框线和填充色都是同一种色彩，也可将各个不同分区采用不同色彩加以区分，再用图例在空白处标注出来。如果在考试中允许用硫酸纸来蒙图描绘分析图则更好；如果规定必须在一张或两张给定的纸面上完成，可以用缩小的平面图，概略地描绘完成，说明清楚是分析图表达的重点即可。

注意不同的功能分区体现的图面元素要用不同的符号来表示，通常可按照规范的符号进行标示。一套清晰的符号语言对同他人及同自我进行图解交流是很有用的。对于场地的设计，重要的是功能分区的界定。这些功能分区图暗示临近关系和最终解决的可能性的安排，如图3-2-12所示。

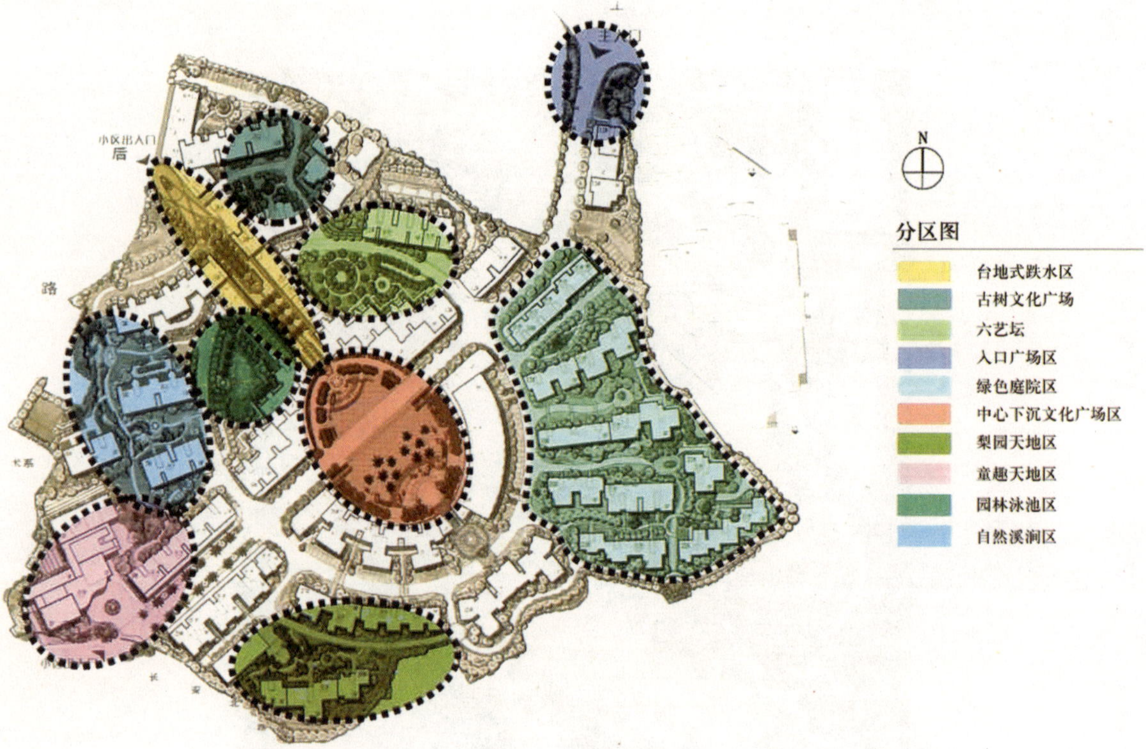

图3-2-12　功能分区示图

3.2.4 交通流线分析图的表现

在设计快题的任务书及其作业中，我们可以根据课题的复杂程度选择不同的分析图来解析设计，而在快题考试中，一般表现的多是功能分区分析图和交通流线分析图。如果在时间比较充足的情况下，可根据时间再将其他分析图绘制出来。

交通流线是在平面、剖面或三维效果图解中将动作路线和流向标示出来。其动作可以是水平的或垂直的，动作开始的地方叫做结点。一个结点就是其他图解符号的中心点。在图解上，我们经常看到由运动线连接的结点(中心点或集中点)，如图3-2-13所示。

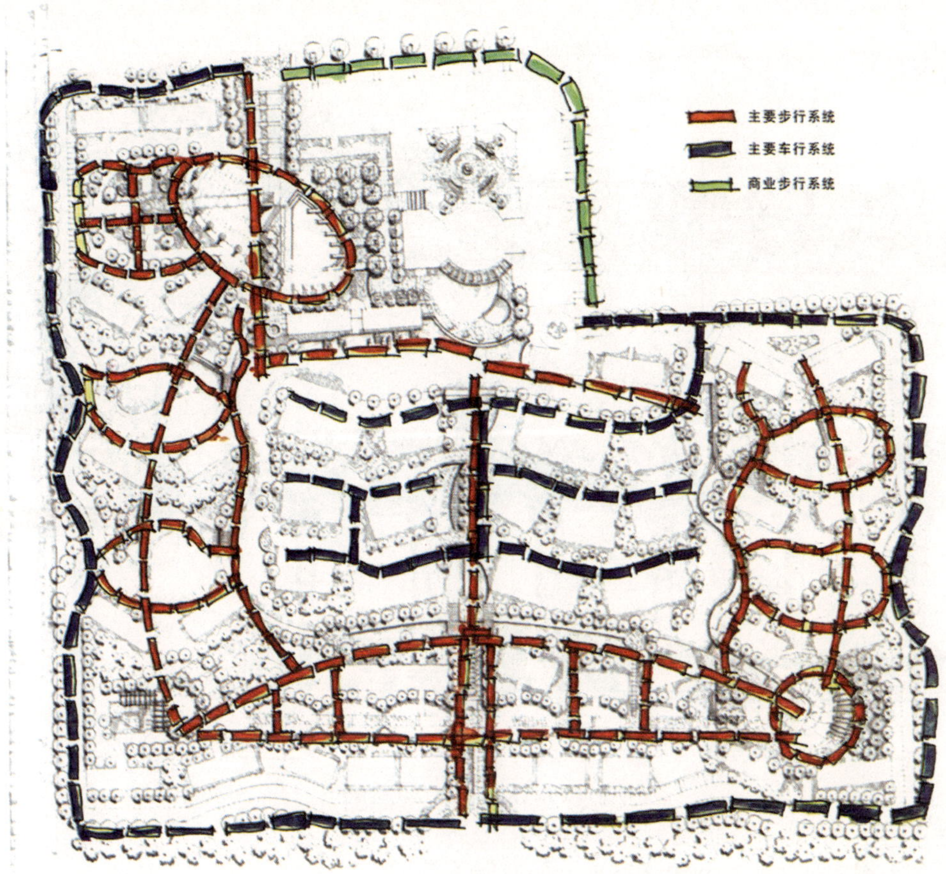

图3-2-13　交通流线分区示图

一般来说，在绘制交通分析图时，应当明确分清基地周边的主次道路，集散广场，主要的车行和人行交通的组织及方向，然后用不同的图例将其表达出来。

正确的表达方法应注意在绘图时运用比较规范的符号，一般常规的画法是采用多点画线(也有的采用虚线)结合箭头标示出路线的两端走向，道路容量与级别的不同采用不同的宽度，通常主干道采用最粗的线条，次干道、支路、行人步道将逐渐变细，且用不同颜色加以区分，再用图例在空白处标注出来。无论使用哪种表现手段，比如彩色图例或单色图例，都要力求使分析图清楚易读，让读图人一目了然地把握建筑与环境的关系，了解其对交通流线的组织分流的设计意图具有重要意义。

3.2.5 景观剖面图的表达内容和表达方式

剖面图又称垂直剖面图，它是用剖切平面图的横向或纵向沿构筑物假想的垂直剖开，然后移去不需要的部分，再把剩余的部分按某一水平方向进行投影而绘制的图形。其表达的内容和方式主要是反映造型物体内部结构构成，将内外空间比较复杂的部位展现出来，这是立面图和平面图无法表达清楚的。剖立面图是视觉尺度景观设计中特有的图示表达，需要绘制得详尽、具体，如图3-2-14所示。

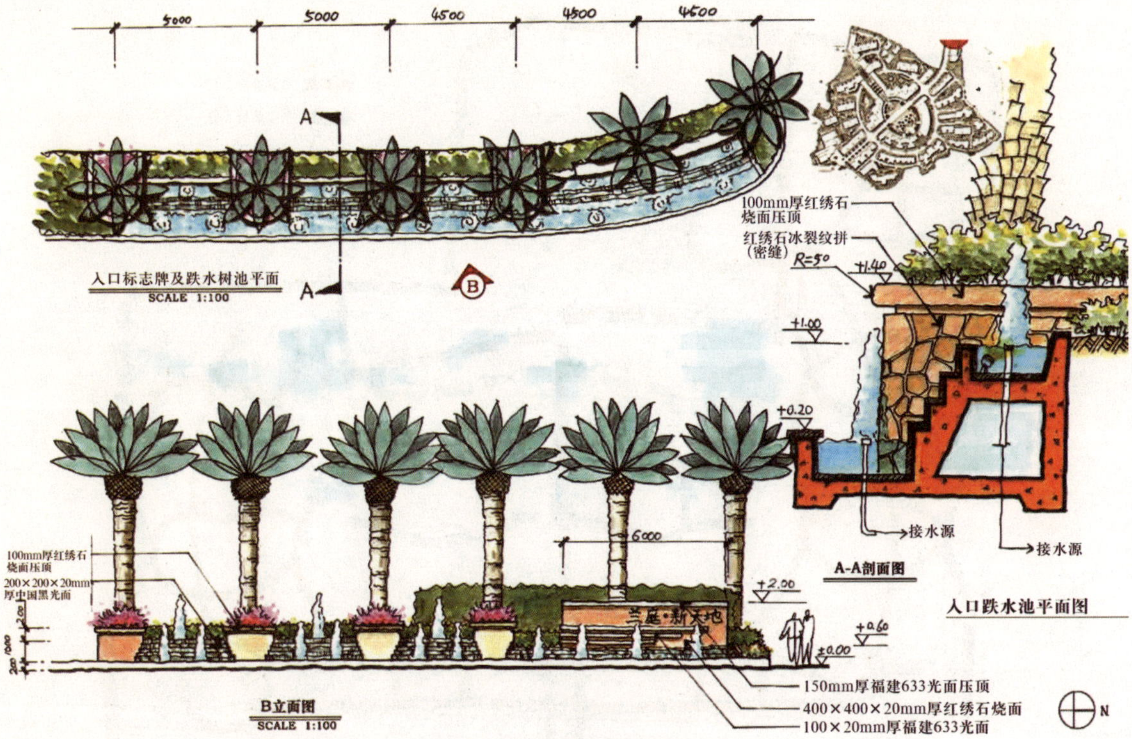

图3-2-14　景观剖面图

景观剖面图的表达内容和表达方式一般有以下特点：

1)强调垂直元素与相关活动及其机能的重要性；

2)可以显示在平面图中无法显示的构成元素；

3)借以分析优越地点的景观和视野；

4)研究地形且显示景观资源；

5)可以显示气候和微气候在景观中的重要性；

6)显示建造元素内部结构。

3.2.6 景观透视图及鸟瞰图的表现

景观透视图及鸟瞰图的表现在方式上并没有本质的区别，一般情况下可以把俯视图理解为正投影图，鸟瞰图理解为透视图。透视就是看穿、看透的意思，即内部的构造。而鸟瞰图就是从空中俯视的图像，可以说是俯视图；它只能看到景观从外部环境看到的东西，也就是看到整体的外部效果。

在快题设计的表现过程中，不管采用的是透视图还是鸟瞰图，其最终的三维效果都需要通过平面图、剖立面图、详图等技术性图纸的表达，并对多个视角的环境特征有了全面的认识与了解，才可将这些视图的表现元素组合成一个整体。

值得注意的是，在快题考试中除了要求绘制平面图、剖立面图，还要求绘制透视表现图。根据时间安排和设计表现的需要来选择正常视角的透视图或鸟瞰图。

（1）透视图

景观透视图是指按照人眼的视觉规律，以科学透视的方法表达的三维空间效果图。透视图是不可以度量的，视觉尺度景观设计中经常使用的透视图是一点透视和两点透视。在需要表现场地气氛、空间效果和天际线的形态时，多使用一点透视图；而需要强调具体设计的构思、造型、某个构筑物的形态时，常常使用两点透视。需要注意的是，视觉尺度的景观透视图应当把视平线离地面的高度确定在1.5～1.7m之间，也就是人眼通常的视线高度上，这样可以方便、真实地表现空间效果。在室外快题设计的表现中常采用透视图来表现，如图3-2-15所示。

图3-2-15 景观透视图

透视图优劣的衡量标准：

1)创意与构思。任何透视图的画面所塑造的空间感是与其形态、色彩、光影和气氛效果分不开的，因为立意构思是表现的灵魂，它是设计得以展现的关键。

2)准确的透视表现。画面的内容是设计构思的体现。而内容在画面上的位置、大小、比例、方向的表现必须是建立在准确的透视关系之上。准确的透视表现关系到效果的美感程度，掌握其规律和手法，是确保形体结构准确、真实的重要前提。

3)色彩关系。色彩对于强调透视关系的立体效果具有一定的归纳感。因为有些图整体感很强，但着色不够醒目，会影响其视觉上的注意；反之，如果着色比重适宜，其透视感就好。

（2）鸟瞰图

景观鸟瞰图是指在高于视平线的位置观察场地时绘制出的空间透视效果图。作为透视图中的一种，鸟瞰图是符合人眼视觉规律的空间透视图，是失真的效果，不可像平面图和立面图一样进行度量。

鸟瞰图一般以场地的总平面图为依据，全面地表达设计的各个细节元素，体现设计的总体效果。可以度量的鸟瞰图就是轴测图，轴测图按照真实的尺寸及一定的比例绘制，必须精确、完整。互相遮挡的物体可以用透明体块或虚线表示，如图3-2-16所示。

图3-2-16 景观鸟瞰图

3.2.7 图面组织与版式设计

快题表现的设计内容有很多，包括总平面图、剖立面图、分析图、透视图、设计说明等等。这些内容需要设计者将它们有序的组织排列在一起，可以有效地将设计意图传达给观者，以完成方案的最终展现。

由于画纸幅面多为A3或4开、2开的，在组织版面时，无论采用常规的表现手法，还是时尚前卫的表现手法，版式设计的好与坏会直接影响到设计展示的效果。另外，图面组织的版式设计风格要和快题表现的内容风格相一致。尤其是室外快题考试的卷面和课程作业，内容所表达的主要目的是有效地表达设计构思，应采用一种有序的构图形式将最终的设计成果绘制并布置在图纸上。与此同时，还要结合个人在文化、艺术审美等方面的不同差异进行组织和设计，特别是在版式、尺寸大小、形状、方向和图纸类型上保持一致，设计者还可通过比例、侧重、对比、衬托等手法，达到在多样中求统一、变化中求和谐的艺术效果，有助于多个图面的统一性。

而在图面的组织上可参考一些平面类的排版方式，这样可以帮助设计者快速、合理的对表现图面进行版式定位。另外，无论是课程设计还是快题设计，在图面上布置各种元素时，要尽力做到有创造性，以增强画面的视觉效果。在现代版式设计中比较流行中文与英文搭配表现图组合在一起的方式，从而使版面产生一种精致细腻的时代气息。

值得注意的是，版式设计是为了下一步传递设计信息而服务的，保证设计图纸的完整、清晰则是其前提。如果版式设计得非常吸引人，但图纸的质量效果差，那么就会影响到整体的表现结果，那样的话会适得其反。因此，设计者应平衡好版式设计中艺术性与科学性的关系，同时还要保证文字与设计内容的主题及内容相协调，使复杂事物条理化、系统化、单纯化的手段，以体现一定的秩序效果，如图3-2-17、图3-2-18所示。

图3-2-17 版式设计1

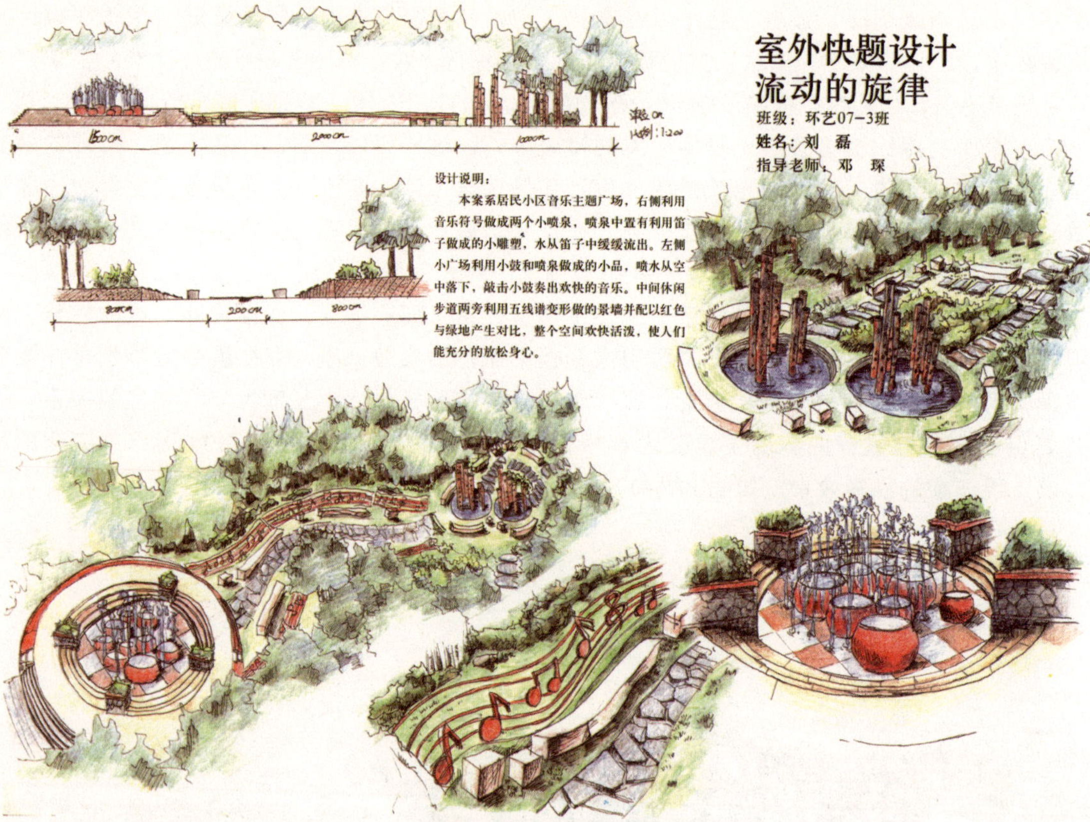

图3-2-18　版式设计2

室外快题设计的图面组织与版式设计的一般原则如下：

1)如图纸在高度上有足够的空间，应将总平面图和剖立面图在垂直方向上对齐排列；

2)如图纸在宽度上有足够的空间，应将总平面图和剖立面图在水平方向上对齐排列；

3)轴测图或透视图是整个版面中的重点；

4)详图和标注应该有序的成组布置。

第 4 章
室外快题设计的训练

SHIWAIKUAITI
SHEJI

4.1 基础训练

室外快题设计的表现形式主要是以徒手绘图为主，也是快题设计的基础部分，只有具备了设计徒手绘的能力，才能为设计构思提供快捷的表达方式，为最终的图面完成提供保障。在设计的初始，徒手绘图实际上就是设计师同自己的对话，正确的方法是从线条的练习或从临摹开始，进而到空间透视的表现训练，再赋予色彩的表达技法。按照注重实践、循序渐进的方式进行基础训练。

训练的初期可将做方案的时间放长一些，使学习者将表现的内容调理顺畅，想的过程深入一些，做得细致些，不要急于画图；方案做好后，再比着范图去画，时间也放得长些，一边画，一边学，这样在方案和表现上都会有所提高。到了后期，可按8小时时间画图，逼着自己提高画图速度。也就是说，前期重在方案和表现的训练，后期重在速度的基础训练。一般情况下，刚开始接触训练的人1～2周练习一个整体方案比较合适。等积累一段时间，练一次的时间就会自然加快，而且每次都会学到新的内容。所以要练好基本功，在学习训练中不断提高绘图表现的能力，突破自己，切忌闭门造车，自以为是。这样才能更好地在短时间内使其得到很大的提高，具备优秀的徒手表达室外快题方案的能力。

目前，手绘能力已经作为教师评价学生的表达能力、设计构思能力，研究生专业考试设计考核，设计公司主管评价新人的创作能力、沟通能力的最实用的标准。因此，学习者应该更加重视自己在基础训练中对手绘能力的培养。

就临摹而言，临摹是基础训练的最佳入门方法，手持画笔，临摹的过程也留有思考的痕迹。学习快题设计，既要领会绘图表现的技巧，也要关心思维的方法。临摹的方式有两种：用手直接临摹，还原原稿的过程，能学到不少新东西。值得注意的是，一味读图不临摹，实际问题暴露不出；只临摹不读图，眼界不宽，很难提高。只有动手临图，在写生、临摹中认真体会，才能积累问题，触类旁通。另外，绘画水平的高与低不能决定设计能力的高低，但绘画给予了设计师快速表达个人意志最便捷的途径。阅读与临摹成功的快题设计方案，可以得到设计与美术的双重熏陶。

4.1.1 构思草图的规范训练

构思草图是设计人员在开展工作之前设计思维的展开，它对理顺设计思路，找到合理的设计定位有很大帮助。所谓“草图”，就是构思、创作和初步表达方案时绘制的一系列概念、图解、平面、立面、剖面、透视、鸟瞰等。规范的训练目的是想通过手和大脑的互动，使得绘制草图的过程不仅是设计表达、设计交流的目的，而且能够使得画草图成为自然形成设计方案的有机过程，甚至使得画草图成为手和大脑、自己和潜意识进行互动交流的创造性体验，以帮助室外快题设计更好的、准确的、规范化的表达创意。要达到这样的专业能力，需要专门的训练。

然而大多数设计师和设计专业学生在设计表达、设计交流方面存在着严重的能力缺陷，导致很好的方案在现实中难以被业主认可和接受。因此，设计草图能力训练比起设计速写的训练而言，不仅不能忽视，而且有着更加直接的训练必要。训练方法总共有三个内容：设计分析的训练、方案的构思训练、方案的比较和权衡训练。

（1）设计分析训练

设计分析是根据任务书的要求，在方案构思的基础上进行的，一般会形成多个方案，这为后面“方案的比较和权衡”的训练做了准备，有着承上启下的作用。

设计分析的主要任务是将快题表现的环境及题目要求中所得到的资料集中到一起，对整体方案的构思状况和功能区域的处理过程进行分析。它侧重于外部环境与内部构成的关系，要从不同角度进行分析。分析的主要内容是：场地与功能区域的设计表现是否通畅，是否合理；尺寸大小比例、形状和环境气氛的营造是否具有可行性等。

设计分析训练的目的是将设计项目或课题的需求及其解决方法确定下来，这些需要确定的结果包括：设计者关于现有组织状况的了解与认识；对环境系统功能配置的需求，数据分析和设计流程等的训练，是锻炼组织分析能力实现的基础。

1)分析训练的要素：

①信息。完整描述设计中所处理的全部信息；

②行为。完全描述设计状态变化所需处理或功能；

③表示。详细描述设计的对外接口与界面。

2)设计分析方法的具体训练步骤包括：

①限定问题；

②确定目标；

③调查研究收集数据；

④提出备选方案和评价标准；

⑤备选方案评估和提出最可行方案。

（2）方案构思训练

在设计分析阶段，一般在脑海已经有了一些想法，但是这些想法还是模糊的、零散的、不系统的，而且也是不具体的。这就需要借助一定的构思方法，如草图法、模仿法、联想法和奇特性构思法的训练来实施。其实介绍哪种方法不重要，重要的是根据相应的构思实践活动让学习者能循序渐进地掌握方案的构思方法，并有效地进行方案的构思。

1)草图法。设计时，可以运用草图法进行构思。草图不仅能将一些想法明确地表达出来，而且可以随意修改。在运用草图法进行构思的过程中，学生可以捕捉灵感、自由发挥、不受约束。

2)模仿法。模仿现实生活中存在的一些事物进行方案的构思。

3)联想法。要用联想的方法进行方案的构思，人们就必须具备丰富的实践经验、较广的见识、较好的知识基础及丰富的想象力。

利用联想法进行方案的构思，不一定能使环境的设计形式一次性成功，但它有可能为构思找到一种方法或一条形成方案的路径。运用联想法进行构思后，我们不能盲目地实践，而应该首先对方案进行科学论证，而后再进行完整的设计和实施。

以上三点方法通常是锻炼构思的基本手段，以训练观察和表现客观物象的形体、结构、明暗、质感、量感和空间感的能力。方案构思可作为一种独立的艺术形式运用于创作之中，一般做方案构思的训练有以下步骤：

①要有一个清晰的思路，在草图上表现出来，草图尽量简单，明了，思路清晰；

②在草稿基础上完善方案，把方案具体化，清晰化，再看看方案和任务书有没有什么抵触的地方，或者是有什么大的错误，仔细检查；

③收拾细节，只要①和②做好了，那么③就相对简捷了；

④注意表现手法，色彩表现有很多方式，可采用水彩、水粉，甚至马克笔表现构思，马克

笔的优势就是干得快，表现力强，是做快题训练的首选。

（3）比较和权衡训练

一个好设计方案的最终展现，需要由一个以上的方案共同进行比较和权衡后才可以形成最满意的方案。尤其形成多个方案的构思后，我们往往要对这些方案进行评判和比较，同时要从设计的目的出发，针对一些相互制约的问题进行权衡和决策，最后选出较为满意的方案或集中各方案的优点进行改进。

对方案进行比较和权衡的过程是一个综合考虑的过程，各个指标并不是独立的，它们相互关联、相互制约。抓住设计的核心与关键是权衡设计方案的必要条件。考虑的方面包括：实用、造型美观、创新、稳定性、安全性、环保性、加工难易程度、经济成本等。

4.1.2 规划操作进度的训练

方案实施的前期过程，在了解项目任务书要求和设计构思后，心里有了大概的造型，接下来将逐步规划对平面、立面、剖面、细部节点等内容的表现训练，即对方案的展开。一般情况下，可以找出一些有关室外环境中各种要素或配景元素，通过绘画手段将它们有序的组织起来。

1)局部与单体练习。从临摹单体开始，也可以选择好的范画，从某一局部的练习发展开始，针对自己的弱项做强化的练习。单体的训练从临摹一些常见的几何形体、花坛、水池、台阶、植物等内容进行分类练习，如图4-1-1、图4-1-2所示。

图4-1-1　植物

图4-1-2（a） 水池

图4-1-2（b） 水池

2)简单的组合练习。具备一定的构形能力之后，尝试从单体的重复到组合，与其他景物的组合，前景、中景和背景的植物组合等，逐渐加强自己的创作能力。只要是优秀的表现图都可以作为临摹和记忆的对象，提高手头功夫，积累表现素材，如图4-1-3所示。

图4-1-3 景观组合

3)配景的表现技法及练习。配景在表现图中非常重要，在完成表现图选择好的透视框架并深入完成具体设计内容后，配景的加入会使画面栩栩如生，真实生动，并且有助于衡量空间的设计尺度，如图4-1-4所示。

图4-1-4　配景的表现技法及练习

4.1.3 操作进程与全局推进能力的训练

操作的进程是按照推进计划所必须的各项工作，按其图序和功能关系，用二维示图和三维透视图的形式表示整体方案。一套任务或设计项目，可以分解为许多作业，这些作业在制作工艺和环境的组织上相互依赖、相互制约，方案图可以把各项作业之间的这种依赖和制约关系清晰地表示出来，进而能进行统筹协调，合理地推进设计实施的进程，提高效率与效益。快题设计最终目的是将主体景物的骨架勾出，同时对画面中所要表现的植物、建筑物、路面等一些陪衬物，按其形体结构进行勾勒。注意物体、景物之间的比例和透视关系，整体画面基本搭建起来才能进行深入的刻划。方案展现的具体步骤见图，如图4-1-5～图4-1-15所示。

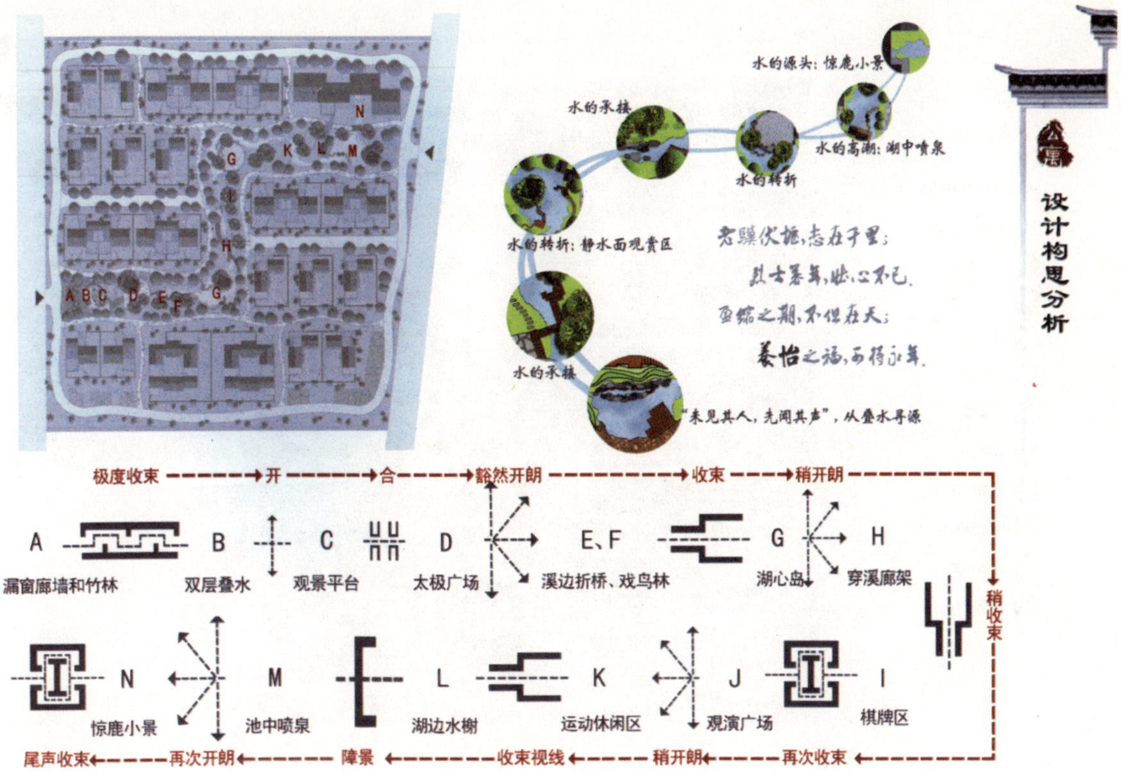

图4-1-5 设计构思

图4-1-6 总平面图

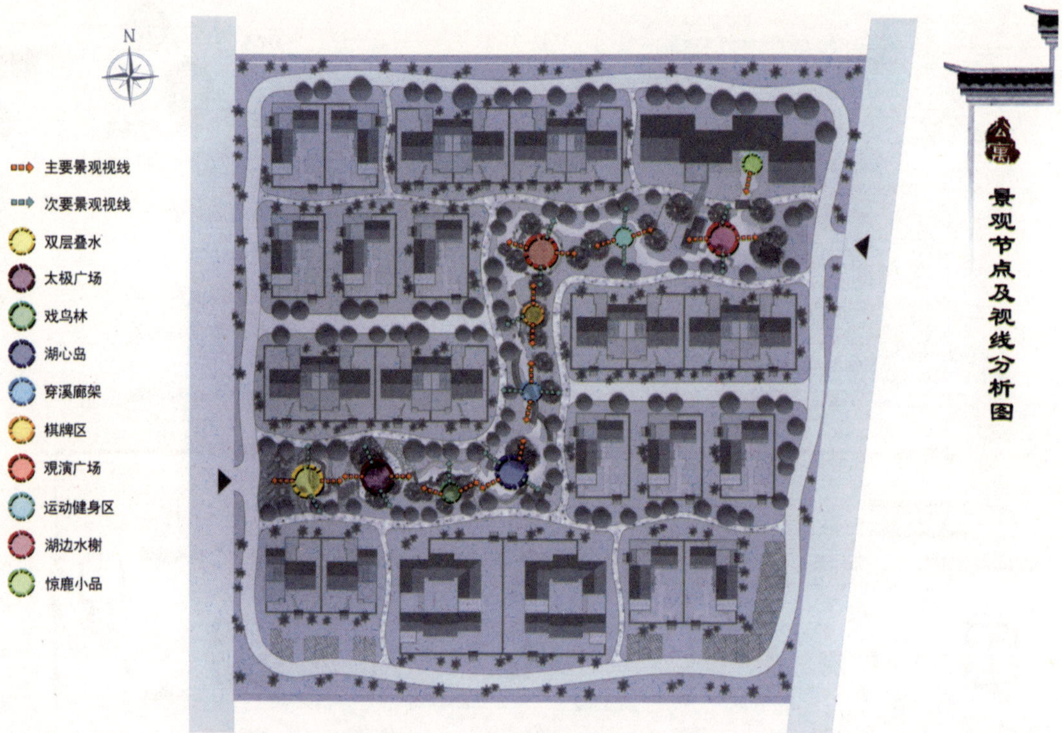

图4-1-7　景点分析图

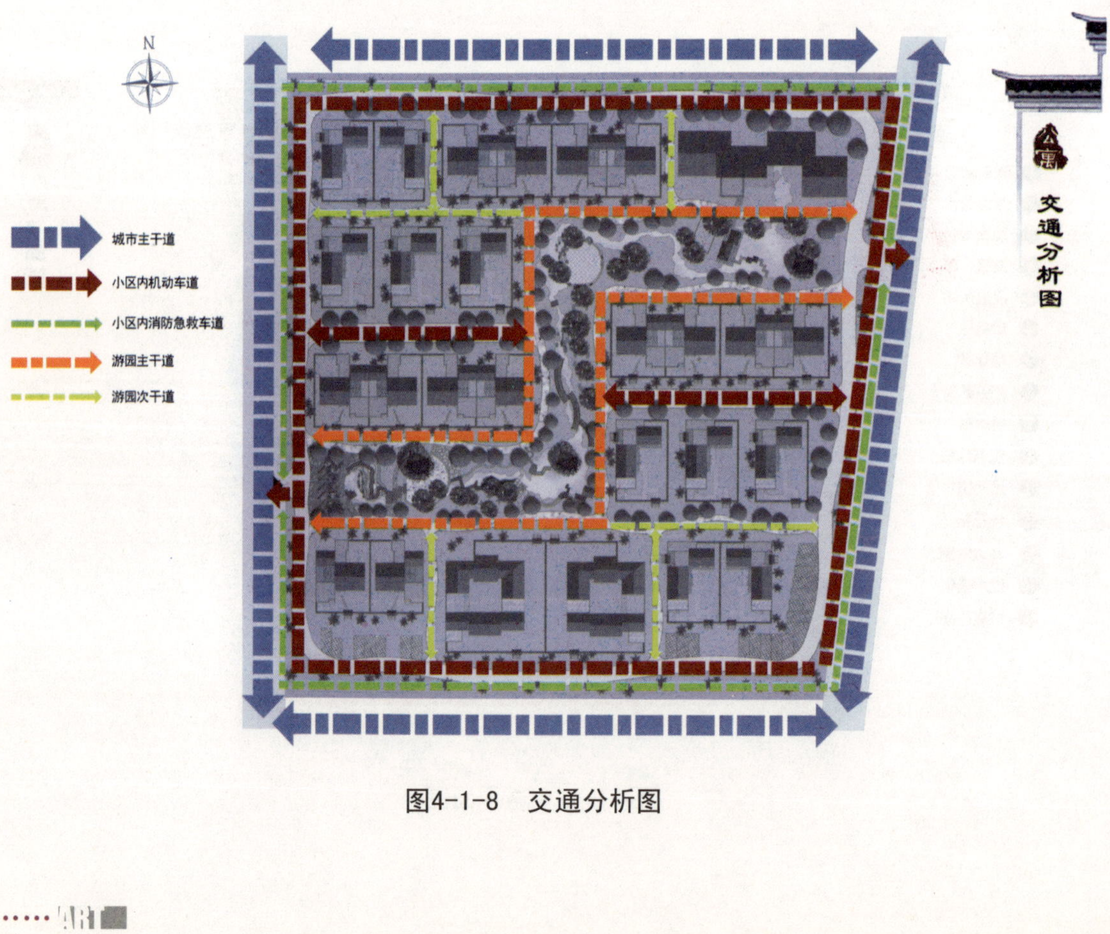

图4-1-8　交通分析图

植物景观树状结构分析图

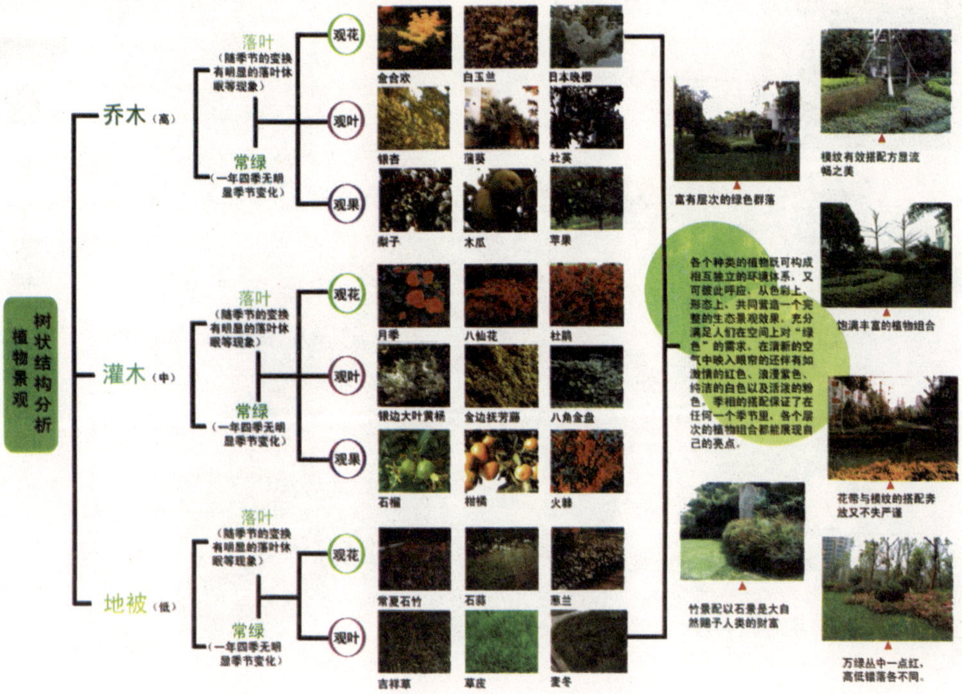

图4-1-9　植物分析图

景观节点分析——漏窗廊墙

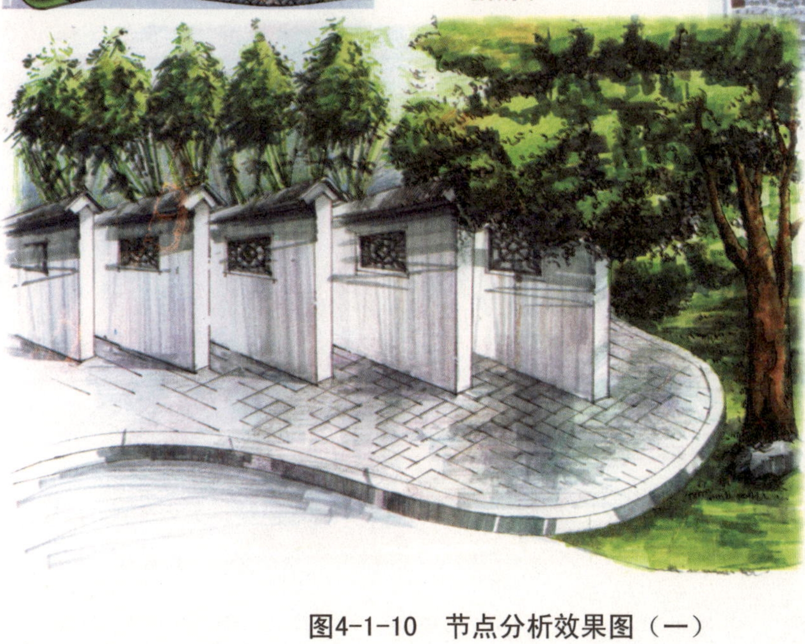

此处为小区入口处，在此利用传统园林中的漏窗廊墙元素，配以葱葱郁郁的竹林，阻隔了人们的视线，起到了障景的作用。

图4-1-10　节点分析效果图（一）

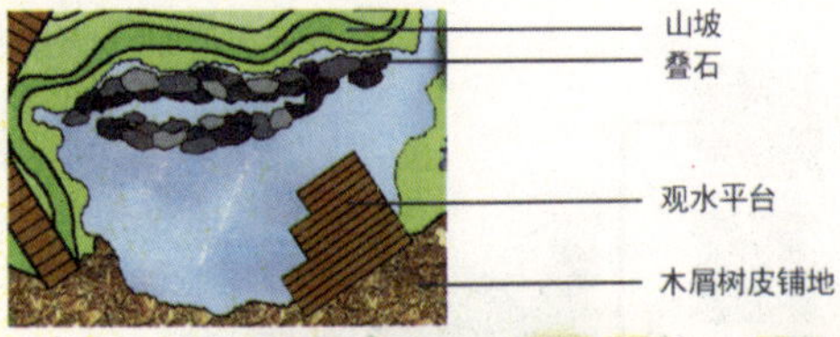

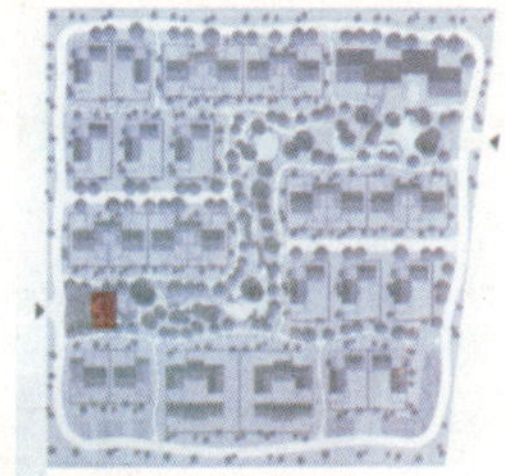

景观节点分析——双层叠水

此处为整个小区水轴线的开端——双层叠水区，其前面有漏窗廊墙和竹林障景，给人一种“未见其人，先闻其声”的神秘感，同时配有观水平台，让人可以更加亲近自然。

图4-1-11　节点分析效果图（二）

景观节点分析——太极广场

此处为太极小广场，广场中种植了一棵大体积的观赏树和两棵小体量的遮阴木。并在树下设计了休息座椅。这既起到了阻隔噪音的作用，也能在烈日炎炎的夏日为大家遮阴蔽阳。

图4-1-12　节点分析效果图（三）

景观节点分析——棋牌休闲区

此处为棋牌休闲区，每个小分区都由绿篱相隔，这既给人一种领域感，又不阻隔人们与外界交流的视线，形成了一个半围合的安静休闲区。

图4-1-13　节点分析效果图（四）

景观节点分析——观演小广场

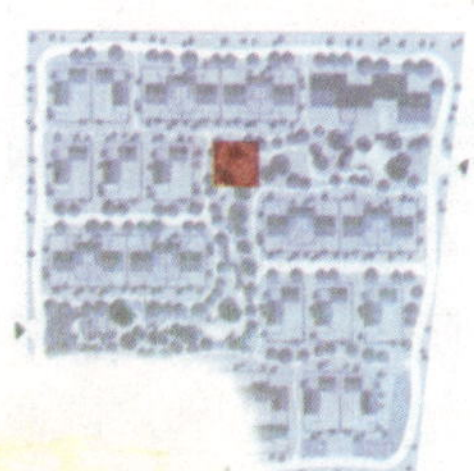

此处为观演小广场，设计中用很多大小不一的不规则石块打破了原有的规则形态，这些石块即可作为景观，亦可作为座椅。

图4-1-14　节点分析效果图（五）

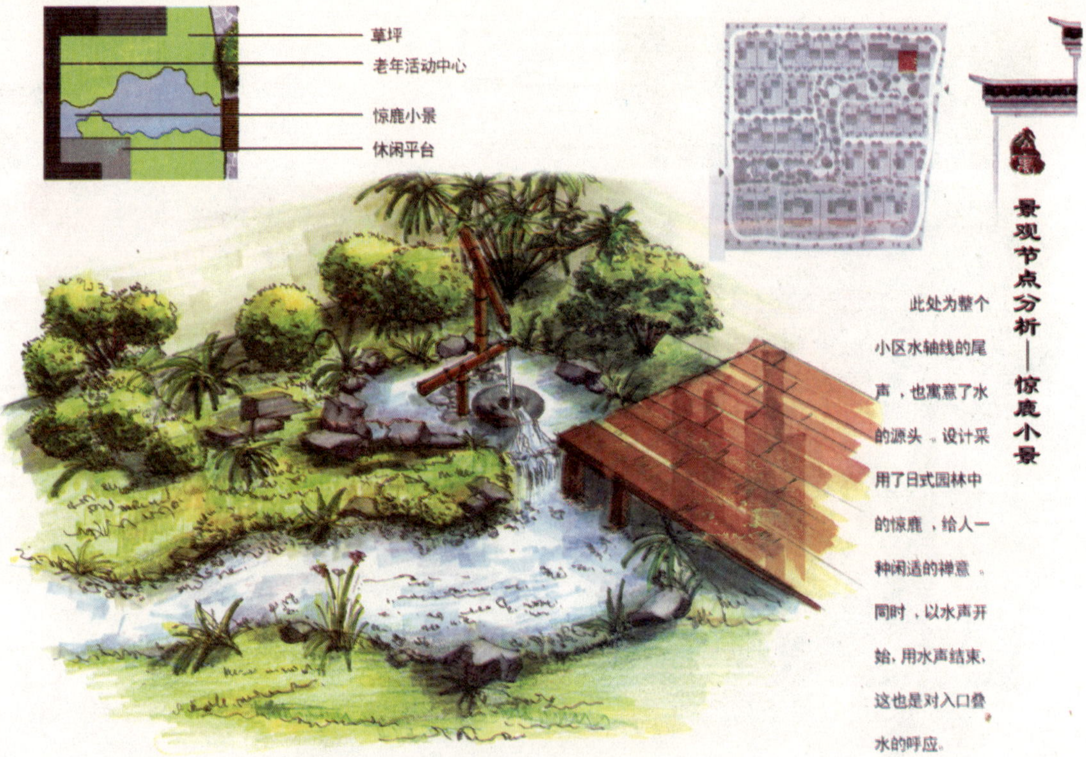

图4-1-15　节点分析效果图（六）

（1）经营构图：用不同粗细的线条勾画所要表现的主要物体在画面中的位置。

（2）初步造型：用各种线条画出物体的基本造型特征，注意对象的大致比例和透视关系。

（3）深入刻画：深入表现细部及重要特征，并安排配景，营造气氛。

（4）细部渲染：画出物体的光影关系，强调暗部，刻画配景。

（5）开始上色：确定画面的基本色调，画大的色彩和植物、建筑物配景等。

（6）细节处理：运用色彩的冷暖关系，渲染物体的立体效果，强调运笔的笔触，颜色不要上得太满。

（7）整体调整：调整植物、建筑物及环境的色彩关系，注意阴影的刻画和人物的色彩点缀以及整体色彩的调整。

4.1.4 自助模拟应试能力的训练

自助模拟应试能力的训练是由学习者视自己的情况来选择快题题目或设计项目的，是针对自我练习、考研前高分冲刺和单位应试考试前的训练。它不仅能提高学习者对环境设计的审美判断能力、形象思维能力和整体的人文修养水准，而且还对我们的道德水准、生活情趣的提高有着潜移默化的影响。应试前一定要通过模拟快题设计考试来实战练习，对图面内容、要求、比例关系做到得心应手，并且注意将平时的设计素材融入到方案设计中，还要规划好时间。以下是几项景观快题的案例与对应的习作，供学习者以及应试者自我训练时选用，如图4-1-16～图4-1-18所示。

图4-1-16 快题练习一

图4-1-17 快题练习二

快题设计

休闲公园设计

班级：环艺07-2班
姓名：唐杰
指导老师：邓琛

设计说明：

本休闲公园设计采用佛家元素作为设计元素，利用了佛印符号作为区域分割，使公园产生空间性，再结合浮雕、佛像等元素作为装饰，使得公园文化氛围更加浓厚。座椅等休闲设施采用中国古元素，使公园更有主体性。

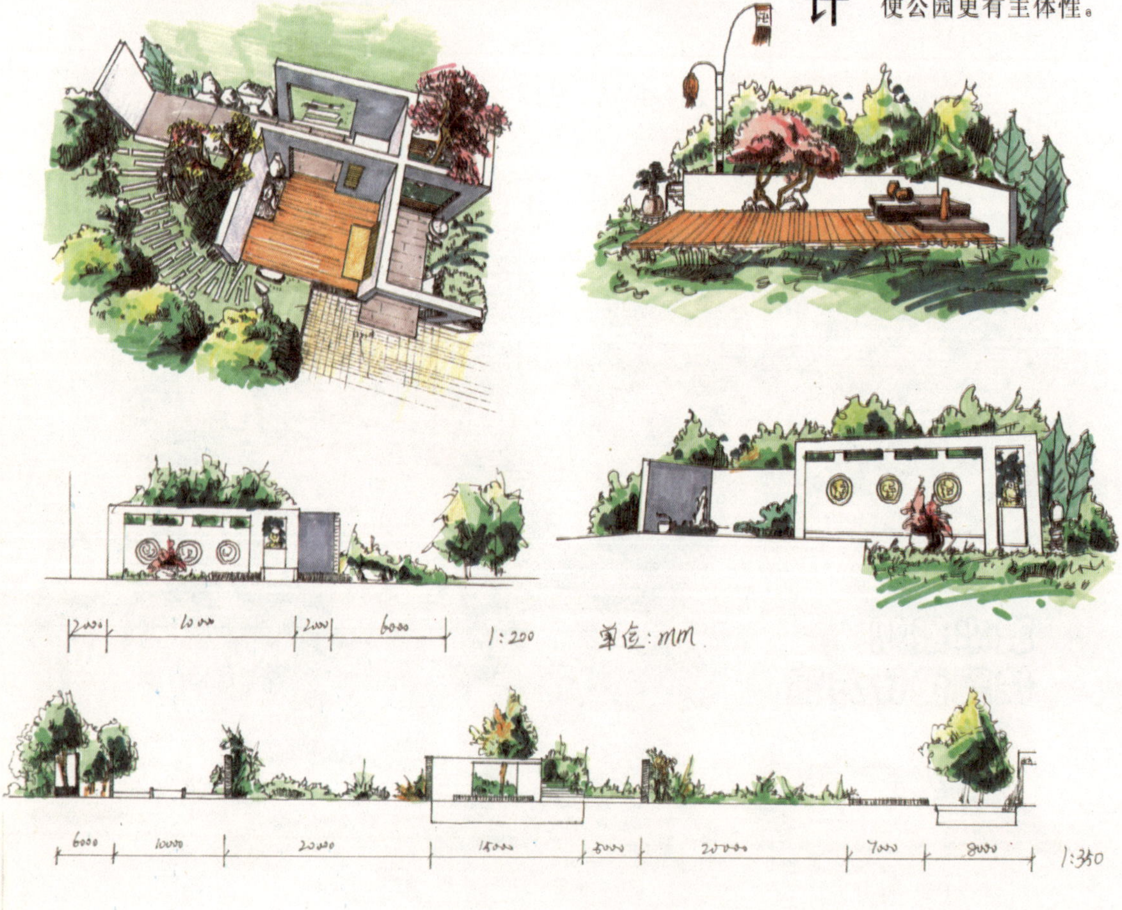

图4-1-18 快题练习三

4.2 绘图训练

绘图技法的训练是学生必须掌握的专业知识中一门实践性较强的技术基础，图示方法的掌握、制图标准的应用、绘图技能的提高、制图和读图能力的培养以及空间想象能力的增强，都是通过快题方案表现和绘图训练来实现的。多做练习是学好室外快题设计的关键，因此要积极独立多做各种环境的课题练习。不断提高快题设计的表达能力、绘图能力和读图能力。

绘图技法的熟练程度会直接影响到设计表达的效果呈现，对于表达主观意图，特别是把思想情感提高到应用设计的境地有很大的作用。例如总平面图、立面图、剖面图、透视图、轴测图、分析图、指标、说明、比例、尺寸等，还包括绘图中所标示的方向、指北针与标注、标高、入口、人行道、车行道、停车场等内容与绘图技法如在训练中不够熟练，就不能充分、到位的体现方案的表达目的。在训练中学好绘图的要求和目的应注意以下内容：

1)加深巩固基本内容；

2)通过练习和实践完成绘图基本技能的训练；

3)用正确的方法完成练习，巩固和提高所学的知识，在日常学习中抽查自己掌握知识的情况；

4)通过大量正确的练习实践来提高绘图技能，养成良好的习惯，有意识地进行基础素质训练。

4.2.1 绿化、配景单体元素手绘训练

绿化和配景元素在具体方案的运用中，其构成方式上的空间构成、空间形态构成、空间层次等方面的具体处理要在手绘训练过程中身临其境的感受，对前后左右、四面八方的具体景象要有一个实地的感受，从中找出优点与缺点，尺度、色彩、比例、韵律、趣味的美感应用与把握要因具体地点特点结合周边条件适度运用，突出主题，突出重点区域或部位，也可以通过结构、技术、材质的对比与搭配实现其创意点。

除此之外，山石、植物、建筑也是快题设计作业训练中最常用的设计元素。在平时的学习中大家应多注意收集了解分析这些方面知识，对叠石、活水、种植和建造的方法、手段形式等方面多加了解，掌握其构成的特征，对于手绘快题的训练具有深远的意义。

1)如图4-2-1所示，这是一组局部景点的建筑外观设计，主要展现建筑的外观形态和主要结构特征，通过树木和人物作为参照物，还可以得到建筑的大主体量和尺寸。

图4-2-1 局部景点的建筑外观设计

2)如图4-2-2所示，这是一个临水的小区域，这种设计要充分地利用和发挥水元素，这一区域的特点，作关于水的文章，用水做一些景观小品，配合一些建筑小品的形态和植物搭配，构成共有动感形态和趣味小品的空间氛围。动静结合，通过疏密变化构建主观景象。

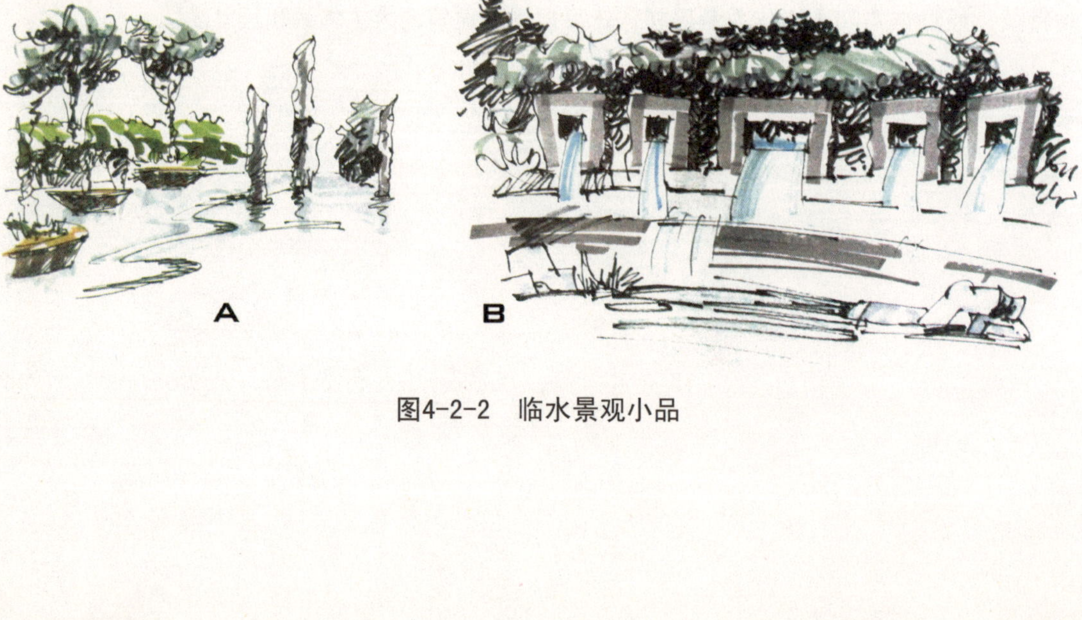

A B

图4-2-2 临水景观小品

3)如图4-2-3所示，通过形体体量的组合变化构建建筑小品。

图4-2-3 建筑小品

4)如图4-2-4所示，通过不完整的对称与均衡的变化构建小区域的空间围合，形成趣味空间，水泥构成的围池边还可以作息，左右两边用较不规则的物体形态与植物构成不规划的空间形态，并与中间空间形成对比，从而在统一中产生变化，变化中形成统一。

图4-2-4 对称与均衡的变化

5)如图4-2-5所示，比较整体的建筑形态与相对野趣效果的植物种植共同构成既有现代感，又不太具有人工痕迹的整体空间氛围。快题设计的建筑外观一般表现出主体建筑形态和结构就可以了，因为时间等内容的限制，手绘方案画得很细致、很具体的话，设计会来不及。

图4-2-5　建筑形态与植物种植

6)如图4-2-6所示，雕塑小品与植物的搭配，形式上非常生动、活泼又富有趣味。

图4-2-6 雕塑小品与植物的搭配

4.2.2 字体训练

快题设计方案里的文字及标注一般常采用仿宋字体来书写（采用国家公布实施的简化汉字），它已作为我国环境艺术设计专业、建筑景观等专业在手绘制图中使用的标准性字体。不管是阿拉伯字母还是汉字，其特点是朴素端正，十分清晰，所以，练习好仿宋字体，对于配合方案的最终展现效果来说，其规范有秩感会让观者印象深刻，特别是考试评委。

字体的训练不在于练得多少，而在于效率。写字的时候要讲究横平竖直，从最基本的写一二三或123开始，如图4-2-7所示，即从基本的字入手，之后开始写难字。难写的字要多加练习，切忌不能心急时就写得潦草，如图4-2-8所示。所以，训练的时候一定要心静、认真，建议用针管笔写字，这样写出的字细，且有力好看。

另外，大标题一般可用正楷、隶书或美术字书写；数字与字母的字型在书写时也可向右倾斜75° 书写。

数字字型写法

英文字型写法

图4-2-7　数字、英文字母写法

仿宋字练习一二三四五六七
丁戊已庚辛东西南北内外上
面总图灰沙泥瓦石木混凝土
电力照明分配排水卫生供热
声比例公尺分厘毫米直半径

图4-2-8　汉字的写法

4.2.3 景观类快题手绘训练

校园空间景观设计：（图4-2-9～图4-2-12）

图4-2-9　手绘校园景观快题训练（一）

快题设计校园休闲区

设计说明：

本设计采用通透式墙体形成半围合式空间，同时部采用小型流动水景点缀。打破整个空间的静态氛围。中心部分的雕塑采用石碑的叠加形式，在其上面记载了学校的历史，使同学们在休闲娱乐的同时了解校史，这样也使休闲区融入了部分文化元素，使休闲区整体表现出一种很好的校园文化氛围。

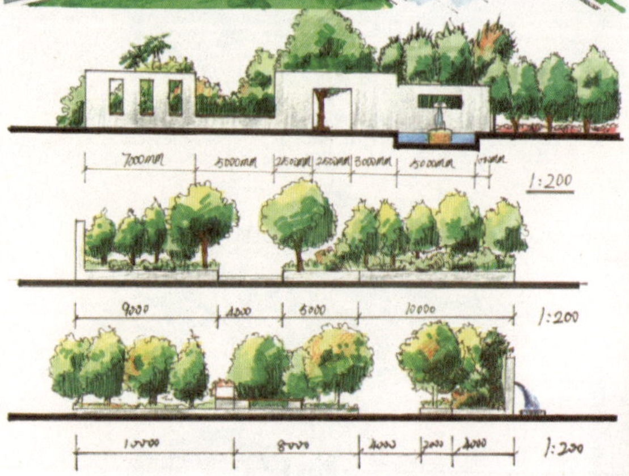

图4-2-10　手绘校园景观快题训练（二）

室外快题设计

校园景观设计

设计说明：

本案是一个校园景观，在方案设计中大量的运用古代的竹筒元素，通过对其变形来做成座椅和石桌的造型。另外，用竹筒的造型来分隔空间。

在地面铺装上运用活字印刷术中的泥胚元素，以此来营造一个具有浓厚学习氛围的空间。

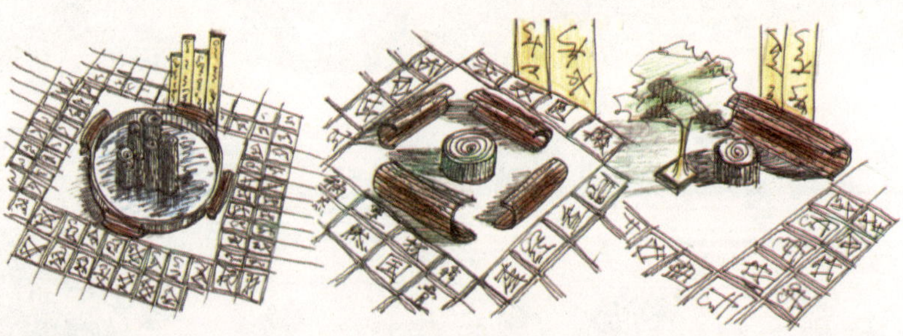

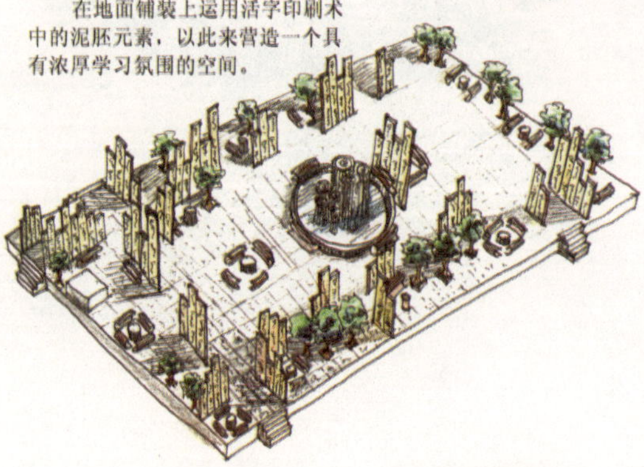

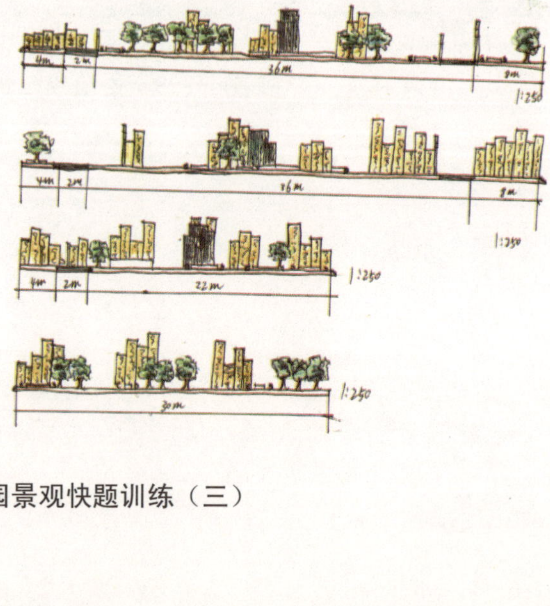

班级：环艺07-3班
姓名：张友东
指导老师：吕在利

图4-2-11　手绘校园景观快题训练（三）

图4-2-12　手绘校园景观快题训练（四）

（1）基地概况

该基地宽为30米，长100米左右的长方形空间，校园环境地势较平坦，有水元素景观，基地的北部和南部为教学楼。

（2）设计要求

1)考虑该基地与周围教学楼的关系，合理地设置该景观基地的出入口。

2)考虑校园的整体氛围，合理地对该基地进行景观规划设计。

3)合理地对景观空间进行划分，满足学生休息、交流、观景的需要。

4)注意植物的配置设计，创造绿色、生态、健康的校园景观空间。

（3）图纸要求

1)景观平面图一张（或轴侧透视图），比例自定。

2)景观剖立面图两张。

3)小景透视图若干张，手法不限。

4)适当的文字说明，不少于100字。

（4）时间要求

时间8小时。

4.2.4 风景园林类快题手绘训练

主题公园空间风景园林设计：（图4-2-13～图4-2-16）

图4-2-13　手绘主题公园快题训练（一）

图4-2-14　手绘主题公园快题训练（二）

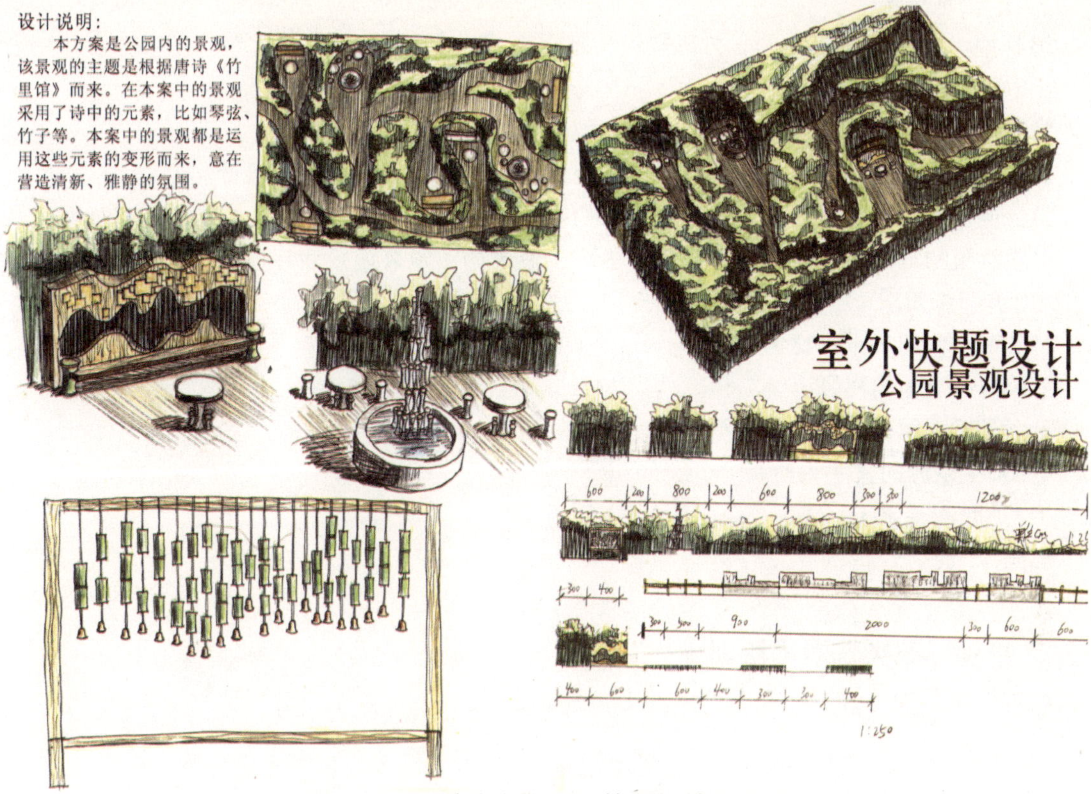

图4-2-15　手绘主题公园快题训练（三）

图4-2-16　手绘主题公园快题训练（四）

（1）基地概况

该基地为180m×150m的长方形空间，基地形式自定。

（2）设计要求

1)考虑该基地与周围地势的关系，合理地设置该景观基地的出入口。

2)考虑公园的整体氛围，合理地对该基地的设施环境进行景观规划设计。

3)合理地对景观空间进行划分，满足人们娱乐、休闲、交流的需要。

4)注意植物的配置设计，创造绿色、生态、健康的主题公园景观环境。

（3）图纸要求

1)景观轴侧图一张，比例自定。

2)景观剖立面图两张。

3)小景透视图若干张，手法不限。

4)100字以内的文字说明。

（4）时间要求

时间8小时。

4.2.5 景观建筑类快题手绘训练

城市广场景观建筑设计：（图4-2-17~图4-2-20）

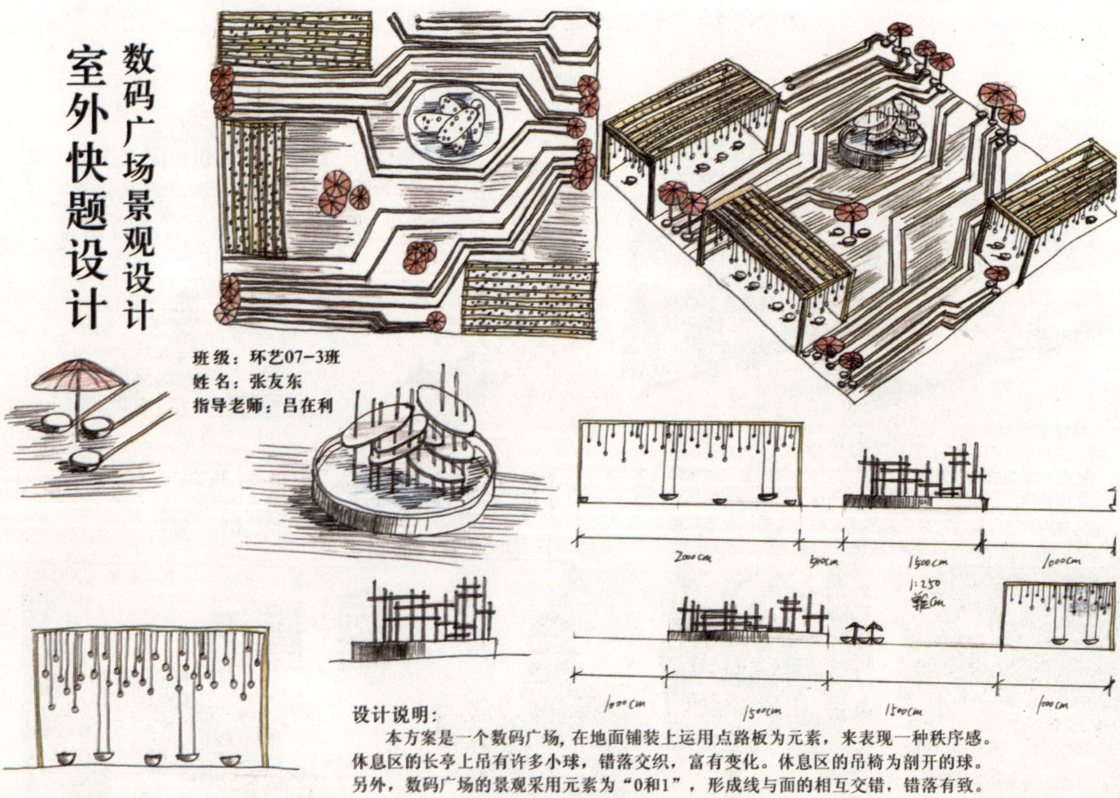

图4-2-17　手绘广场景观快题训练（一）

设计说明：

本方案是一个小区广场，小区广场是人们的集合地，同时其景观应该是人们的精神寄托，能够反映人们的信仰。人类的精神世界是对自然的崇拜，实际上是对生命的崇拜。人类认为生命是最纯洁的，因此我选用水作为主要元素，来表达类似于“疑是银河落九天”的感觉。让人们感觉到这景观就是生命的根本，同时我加入了象形文字元素，将刻有象形文字的石块高高悬起，来表现一种历史的沉积感，从古至今文明的沉淀。即体现了对生命的崇拜，又反映对人类文化的崇拜。同时将景观放于两组阶梯上，以体现其纯洁和神圣。

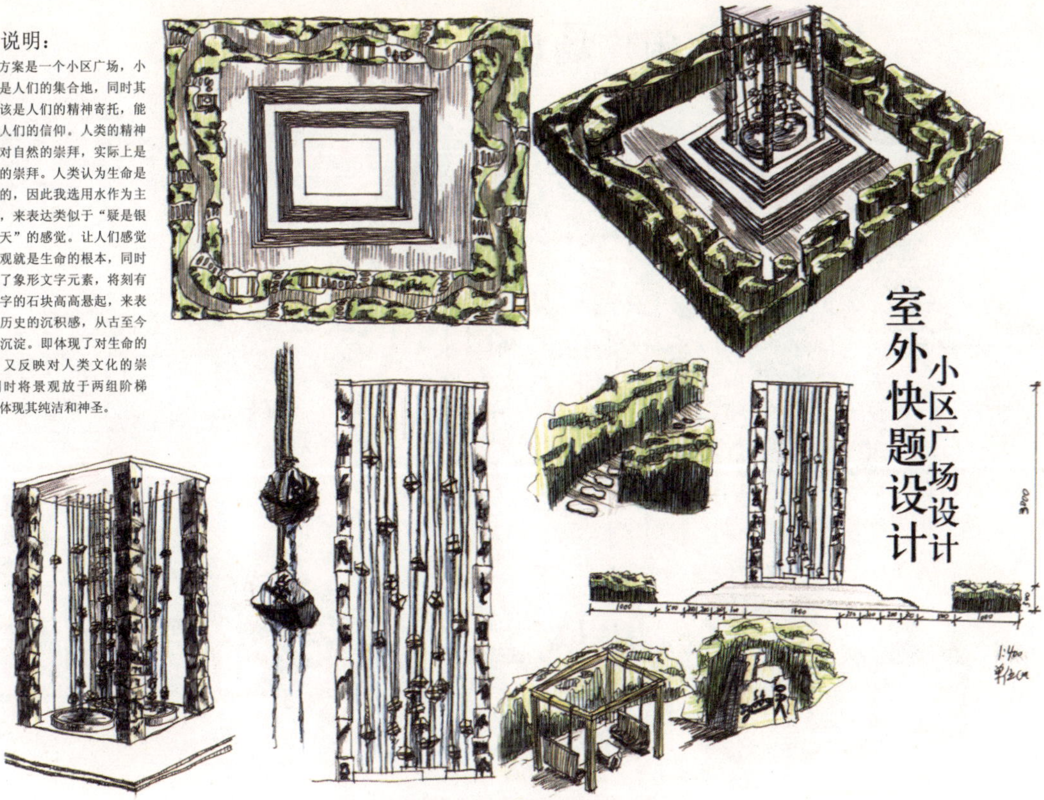

图4-2-18 手绘广场景观快题训练（二）

城市广场快题设计

设计说明：

本方案设计在功能上为满足游客需求，设置长廊、树阵广场、儿童乐园和儿童沙坑。构图上采用现代融合自然地布局形式。树阵广场为进入广场的主入口，延续了步行道的整体设计，并方便行人驻足休息。西面弧形玻璃长廊是广场的最高点，位于轴线上，一排环形的大树作为它的背景，自然成为视线的焦点。迂回曲折的小路，起伏的草坡，为人们营造了一个充满趣味多变的空间。

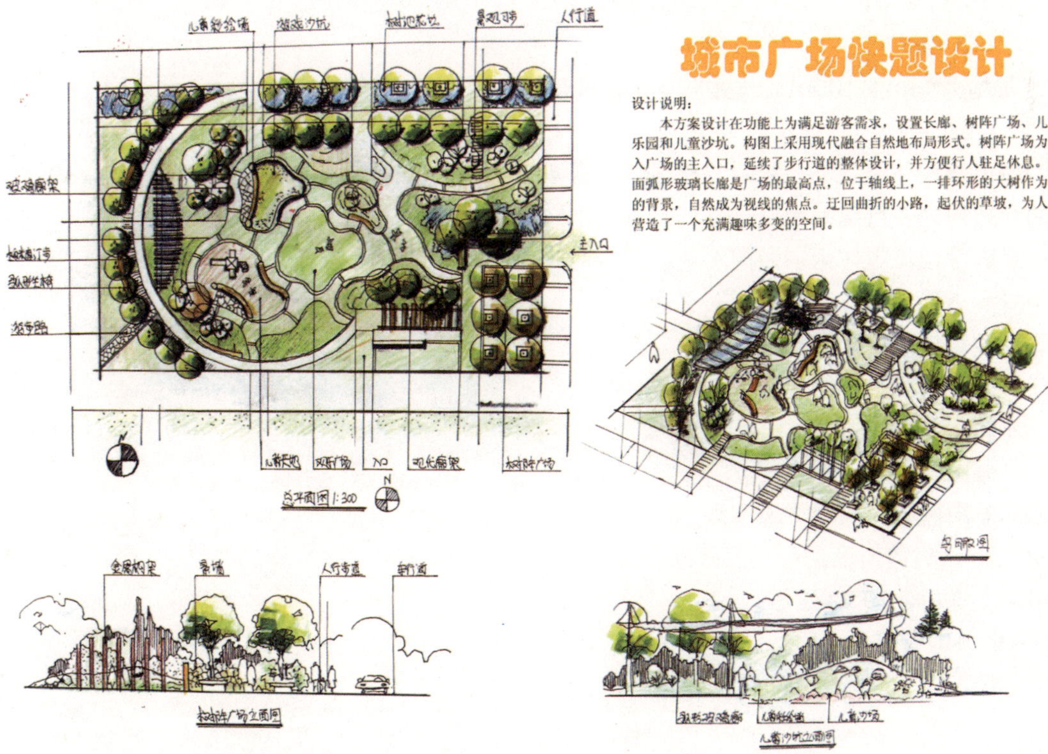

图4-2-19 手绘广场景观快题训练（三）

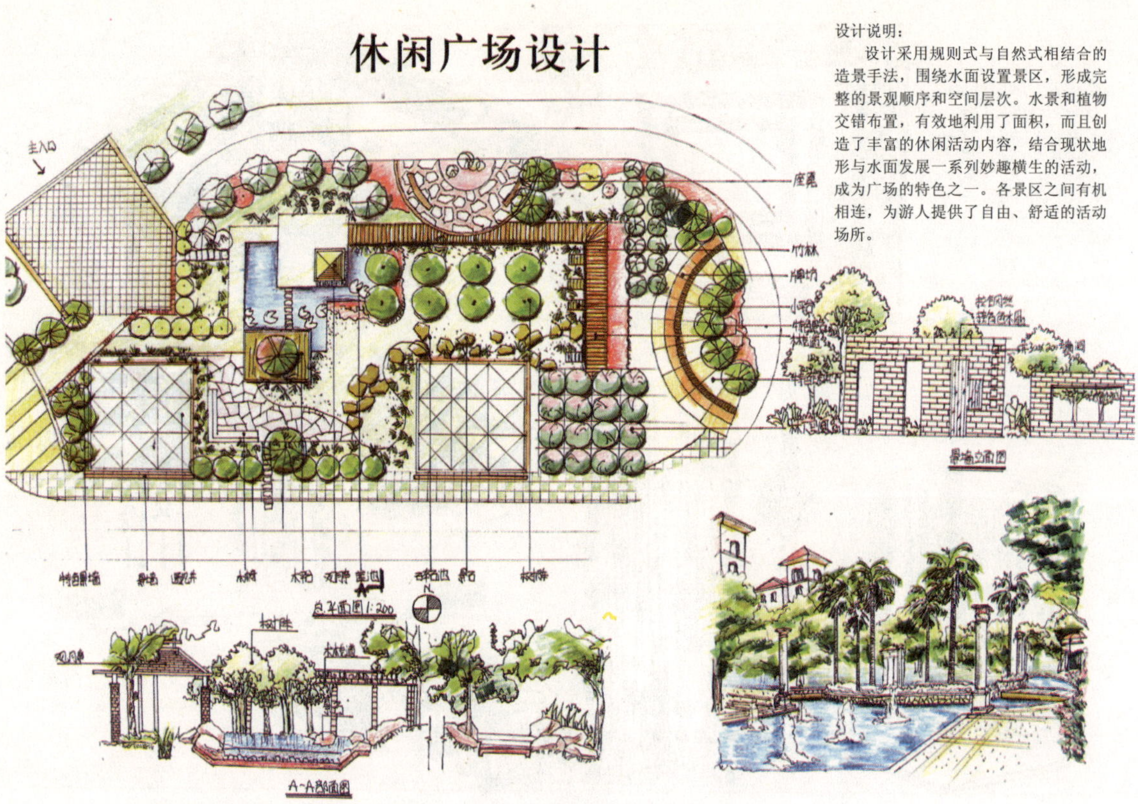

图4-2-20 手绘广场景观快题训练（四）

（1）基地概况

该基地为45m×100m的长方形空间，位于城市中心地带。

（2）设计要求

1)城市市民休闲广场，结合绿植或滨水景观进行设计。

2)合理规划步行道路及交通流线。

3)要求考虑城市休闲、游憩功能。

4)表示主要出入口及场地道路交通。

5)要考虑休息等功能性设施的设置。

6)要体现广场景观的特色。

（3）图纸要求

1)平面图一张，比例自定。

2)立面图两张，表现方法不限。

3) 自选适当的角度进行透视效果表现。

4)文字说明，100字左右。

（4）时间要求

时间8小时。

4.2.6 小区规划类快题手绘训练

宅间绿地景观设计：（图4-2-21~图4-2-23）

图4-2-21 手绘小区景观规划快题训练（一）

图4-2-22 手绘小区景观规划快题训练（二）

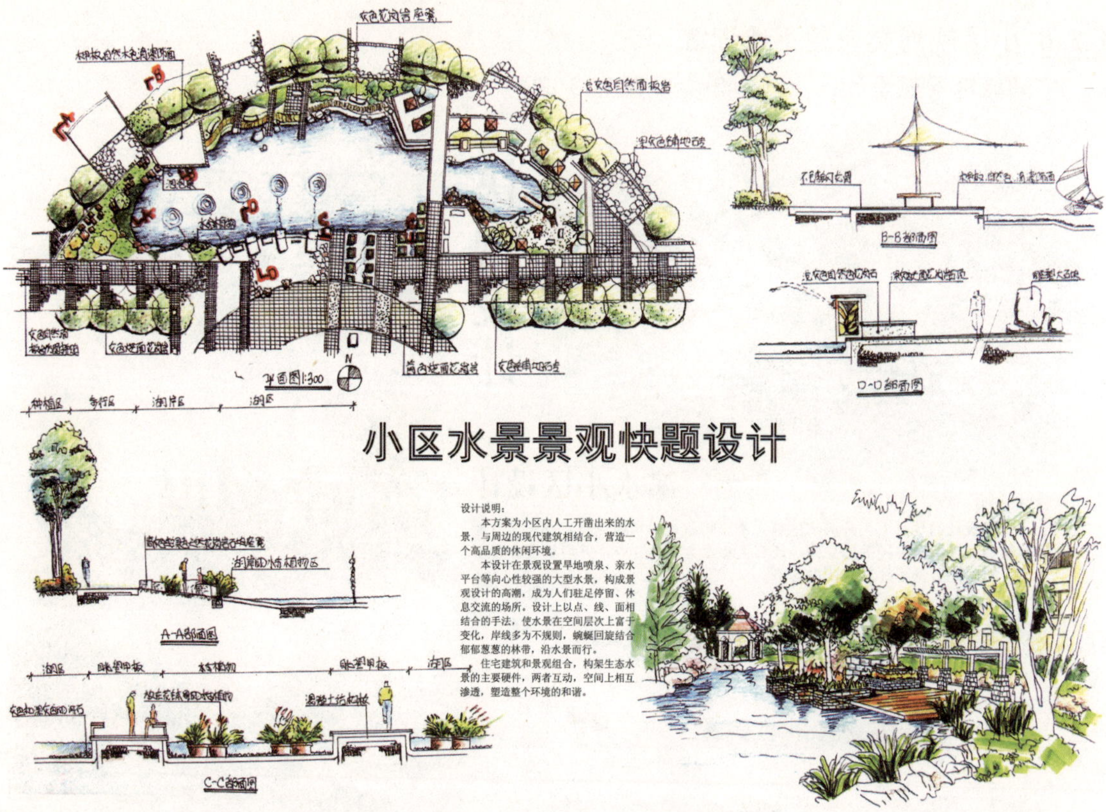

图4-2-23　手绘小区景观规划快题训练（三）

（1）基地概况

该基地为30m×50m的长方形空间，位于某小区住宅楼之间的区域内，基地内有水景元素。

（2）设计要求

1)满足人们的日常休闲，运动的功能需求。

2)该小区景观的设计要求充足的绿化面积。

3)合理的设置小区的道路及其设施。

（3）图纸要求

1)平面图（或轴侧图）一张，比例自定。

2)立面图若干张，表现方法不限。

3)自选适当的角度进行透视效果表现。

4)文字说明在100字左右。

（4）时间要求

时间8小时。

第5章
室外快题设计案例与点评

SHIWAIKUAITI
SHEJI

5.1 住宅庭院类景观快题设计案例与点评

"杭州野风"

图5-1-1 住区休闲一角

结合住区特点，将宽阔的街区用直线分成几条功能区域，将实用与观赏很好地结合起来，右边的休闲长廊和条石路与水面及水面形成的反射，形成一个有休闲与浪漫的气息的景观氛围，水面又与左面的人行道形成自然的链接，在水的西边都可以通过水的反射映现出富有变化的景象，水边和照面的喷水更是增添了情趣的变化。左边的碎石与植物也使整个环境增添休闲的氛围，这个案例的地面分隔做得很成功，植物与建筑的搭配在色彩、形态、韵律等方面也配置得很好，如图5–1–1所示。

这个场地非常注重休闲的情趣，平静的水面可以反射天空及周围景物的影像，左边的喷水出现动感和声响，形成"动"与"静"的对比，"动"虽然占很小的区域，但却吸引很多的视线。地面铺装的变化与比例也恰到好处地为大型树木的空间限定围合，及人行活动的通道起到了很好的分割作用。空间氛围虽全是人工制作，但有轻松、清新、安静、亲切之感，如图5–1–2所示。

图5-1-2　住区景观“动与静”的对比

不规则形的水面和看似随意种植的植物与直线的人行路形成对比，使其显出设计者匠心独具之处，坐在左边的休闲茶椅上会产生无限遐想，右手路边的丘形种植更是增添了园林氛围，如图5-1-3所示。

图5-1-3　住区的园林氛围

5.2 公园绿地类景观快题设计案例与点评

“桃花源记”

此方案是一座城市公园，其面积约8000平方米，其设计灵感来源于陶渊明《桃花源记》。意在塑造幽静的环境，让人们体验“土地平旷，房屋俨然，有良田美池桑树之属的意境。”因此方案之中大量运用茅草屋、篱笆等元素，意在塑造世外桃源、与世无争的感觉，如图5-2-1～图5-2-6所示。

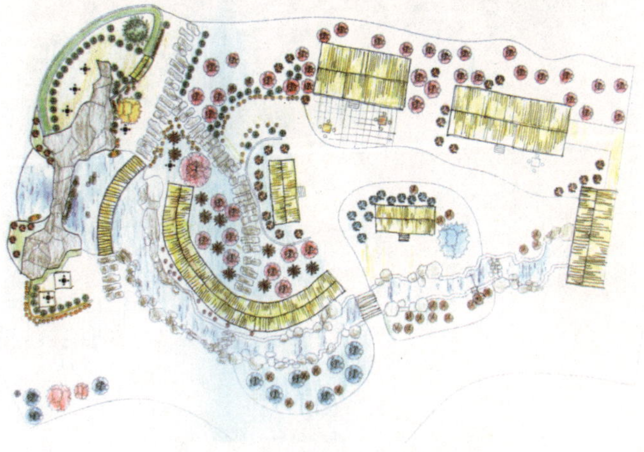

图5-2-1　城市公园平面布置图

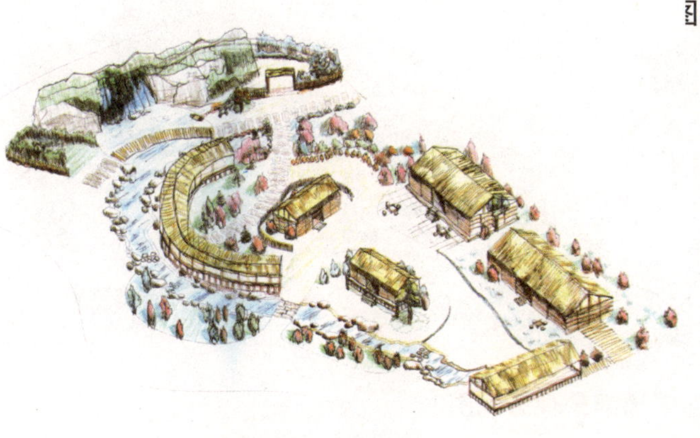

图5-2-2　轴侧图

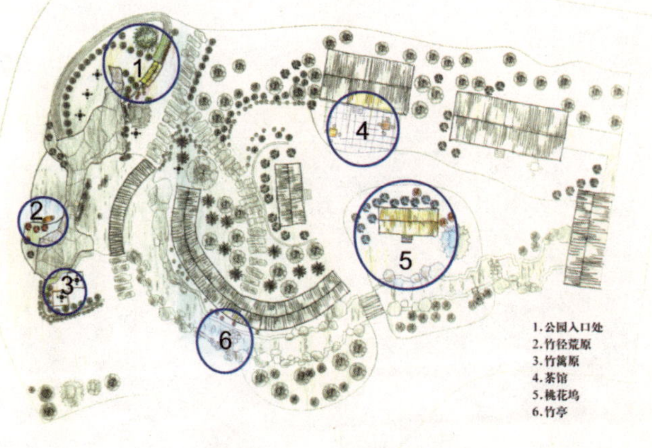

图5-2-3　功能分区图

图5-2-4　局部景观透视图1

图5-2-5 局部景观透视图2

图5-2-6　局部景观透视图3

让人们体验与世无争的生活境地，更好的放松身心，体验生活之美。

应把大致尺寸和比例尺标注一下，这是一个最基本同时也是很重要的内容。

在这套方案的表现手法和表现效果能与题目比较好的统一起来。作者对桃花园的主观理解和演绎有自己的意图，用竹子作为建筑的主要材料，以凸显田园风格。

作者对整体和局部空间层次的理解和处理方法还应进行深入的研讨分析。整体空间效果不理想，太平了。可以通过地形、地势的变化与特点，通过建筑的形态体量组合与高低变化，植物的种类，搭配高矮分置的种植方式的疏密变化，营造出所需空间的节奏、韵律与趣味，从而丰富空间形态。

交通的处理也太简单，植物的美化作用没能充分发挥好，单体及局部氛围的营造还比较协调。

5.3 传统风景园林类快题设计案例与点评

"日式风格园林设计"

日式风格园林主要以庭院为主，其早期受到中国古典园林的影响，随后又受到禅宗和茶道的影响，倾向于象征气氛，主要表现为微缩型庭院景观。该案原场地约6500平方米，场地地势平坦，呈倒三角形。作者在原场地中进行园林规划，以"和、寂、清、幽"为主题追求深山幽谷之玲珑，平庭式景观园林的效果。在功能分区上充分考虑到公司的实际应用功能，分别设置以日本古建为外观的工作室、会议室、接待厅等，以庭院步径为景观分布设置为："和心步径"、"静心湖"、"一心庭"、"清烟杉林"、"幽漫樱花园"、"渎心茶庭"等多个园林景观。以蹲踞的洗手钵联想到清洌的山泉，以沧桑厚重的石灯笼来营造茶道的氛围。

在植被布置方面作者考虑甚多。希望能够通过树木的高度来制造园林的视觉层次感。所以以高度划分植被分别为；较高的乔木类，如紫杉，樱花，红枫等。中层次以灌木为主，如杜鹃、栀子花等。较低处为鸢尾、金杜松等。以景观类植物分为冷色系的鸢尾、凤凰松、日本雪松、青翠为主。暖色系以栀子花、樱花、金杜松为主。

作者希望以此方案为载体，体现孤独的禅意和对短暂人生的思考。日式庭园的那份恬静、安宁与惬意，正是现代忙忙碌碌的人们所渴望的，如图5-3-1～图5-3-7所示。

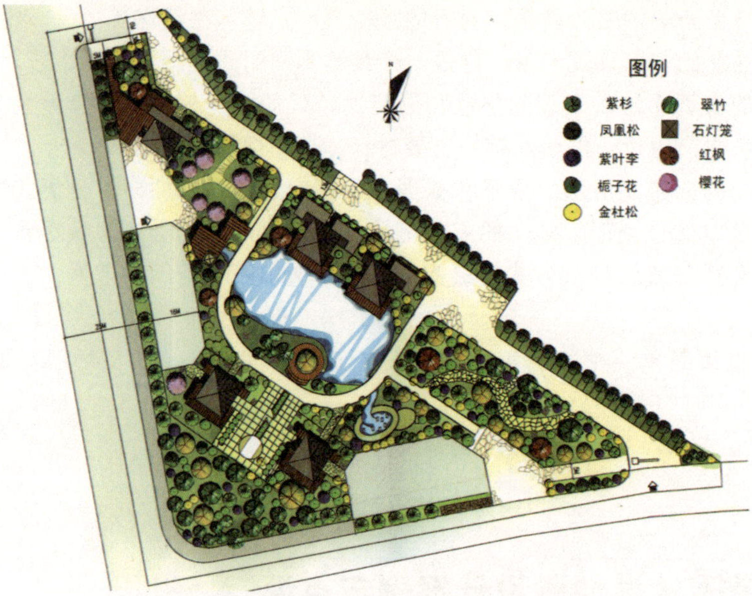

图5-3-1　总平面规划图

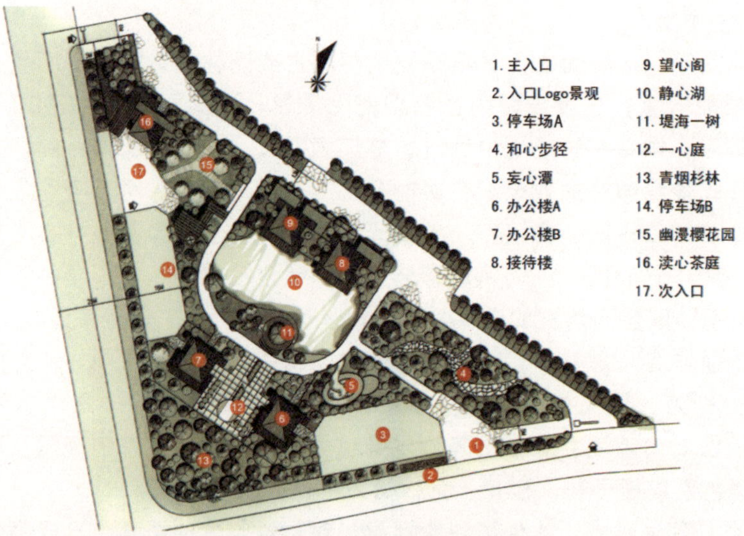

图5-3-2　景观分区图

图5-3-3　鸟瞰图

前门庭效果图

位于停车场A前的前庭门是进入庭院的必经之路，建筑风格借鉴日本传统寺庙建筑风格。飞檐雕琢，无处不流露出古老而又神秘的气息，引人入境。

读心茶庭效果图

优雅的茶亭，小巧、静谧而又深邃

图5-3-4 局部透视效果图（一）

妄心潭效果图

妄心潭是全国中唯一一处“动观”景观。使用人造瀑布景观的手法来表达对人心境深处神奇力量的探究。

和心步径效果图

和心步径植被密度高，种类丰富，用细细的白沙石铺地，叠放有致的石组摆放。其间设置有沧桑而又古老的石灯笼和石人像来营造宁静的禅意环境。

图5-3-5 局部透视效果图（二）

一心庭效果图

白色鹅卵石铺设的圆形空缺代表着现实世界的不足，架设在上面的为一心池，池水浅而宁谧，代表着自己有始有终的心境。

静心湖效果图

静心湖是庭院中央的水体景观，与望心阁相邻。

图5-3-6　局部透视效果图（三）

幽漫樱花园效果图

樱花园位于望心阁西北侧，植被主要以樱花为主，花季为春季，散漫纷飞，别样色彩，观赏价值极高。

望心阁楼梯口效果图

进入望心阁的路线布置白石浅水、青翠竹等景观。

图5-3-7　局部透视效果图（四）

5.4 滨水区域类景观快题设计案例与点评

“尚京世茂外滩”

这是一个功能比较综合的区域，其地域特点是有较大面积的水面，人员流动量比较大。由于处于较繁华地段，公共性强，特点不太明确，区域界限不明确，这种大区域严格讲不太合适作快题设计训练，因为其综合因素太多，最好是分成不同的功能区域以不同的主题进行设计，如图5-4-1所示。

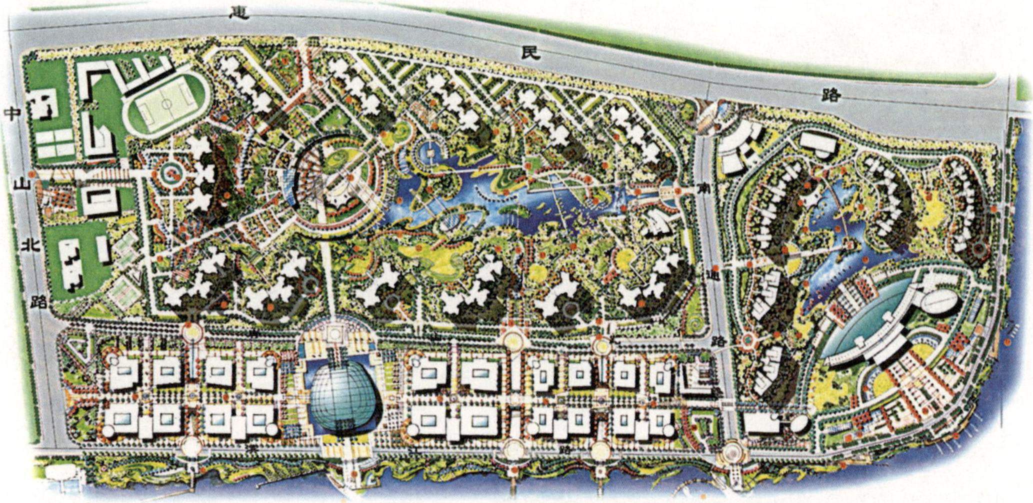

图5-4-1　总平面图

如图5-4-2所示，这幅效果图绘制技巧比较熟练，比例、尺度、氛围把握得比较好，但整幅图没怎么体现设计，搞了一个像驳岸，又不像驳岸的小场地。

图5-4-2　景观透视图

如图5-4-3所示，这是一个观景为主的区域，观景建筑既是景观又是景观台。这片大型的叠水瀑布在平行视线上比较有效果，与左右边的台阶共同营造出较为理想的空间氛围及变化，前面的地铺不理想，树木的分布与种植形成的氛围较好，前面草坪花坛的设计太过简单。应该增加一些具有坐憩功能的物体，因为这是一个比较具有观赏角度的区域。

图5-4-3　滨水区观景透视图

如图5-4-4所示，这个区域的设计人工味过强了，地铺变化太乱，与周边环境共同形成一种嘈杂感，这种环境条件下人员的流动就形成具有较强动感的空间氛围，如果这个场地设计再安静一点，单纯一点，甚至幽静一点，与周边的建筑和场地中的人流及远处的台阶形成对比，再加以植物围合成不同景趣的空间区域，足以构成富有意味的场地空间。

图5-4-4　广场景观透视图

5.5 城市广场类快题设计案例与点评

"奥林匹克公园广场设计"

如图5-5-1所示，该快题设计主要是对广场中的小型休闲区域和趣味小品进行设计，以墙的形态和色彩变化构成装饰小品，主要是一种趣味性空间形式的探索。利用墙的围合构成一个功能性的小站点，里面设有墙上水龙头。

图5-5-1 方案展示图

5.6 景观建筑类快题设计案例与点评

方案一：如图5-6-1所示，作品是一个具有创意性的景观建筑类设计，造型大胆，赋予理念化，功能合理；平面规划具有动感，形式美感较强，色彩明快，图面表现效果较好。其场地设计也富有变化，水元素应用巧妙，与建筑交相呼应，形式新颖。其次，作品透视图效果较好，表达生动，笔法熟练。

但是，平面图遗漏了图面内容标注、尺寸标注；景观植物与场地建筑的营造还不够饱满，需要增加。

图5-6-1　景观建筑方案（一）

方案二：如图5-6-2所示，该设计作品是一个以建筑为中心展开的景观建筑设计，造型简洁大方，形式感强，各功能区域的表现设计较好，给人一种强烈的体积感。在景观与建筑的结合方面，动静分明，步道处理舒缓，规划主次分明。图面色彩明快，植物搭配合理，层次效果好。

但是，作品缺少功能分区示意和尺寸标注。

图5-6-2　景观建筑方案（二）

5.7 公园一角快题设计案例与点评

如图5-7-1、图5-7-2所示，作品是一个加勒比海盗主题公园的设计，内容采用 “原生态” 的表现构思，表达电影中食人族部落居住区特色。景点采取自然式布局，动静有序，其地域特点是可供人们休闲娱乐的构筑内容造型古朴，极具原始风貌的特点。快题方案中的一角，大胆运用牢笼改制成秋千，给表现的主题平添了一份情趣色彩。茅屋的表现也很有特色，能与自然生长的植物自然地相融合在一起，“原生态” 的氛围浓郁，给人以新意。

作品的效果表现内容丰富，层次效果好，景点区域的规划主次分明，笔法熟练，形式感较强，植物与造景元素的处理较好，透视准确，场景表达丰富，构图也合理。

不足之处，就是缺少功能规划的流动区示图。

图5-7-1　方案展示（一）

室外快题设计
公园一角
班级：环艺07-3班
姓名：刘磊
指导老师：邓琛
设计说明：
本案系亚热带小公园一角，主要利用亚热带植被和灌木营造自然舒适的环境。公园中设有几处有特色的茅屋供游人休息。路旁有便于人们洗手的特色采水泵。在公园的页侧是利用当地民族特色图案设计的雕塑，整个环境亲切，贴近自然，使人们身处其中可以彻底的放松心情。

图5-7-2　方案展示（二）

参考文献

SHIWAI KUAITISHEJI

CANKAO WENXIAN

[1] 刘谯，韩巍. 景观快题设计方法与表现［M］. 北京：机械工业出版社，2009

[2] 王东辉. 景观设计［M］. 北京：中国建材工业出版社，2009

[3] 李娟，江滨. 快题与表现［M］. 北京：中国建筑工业出版社，2005

[4] 刘宇. 室内外手绘效果图［M］. 沈阳：辽宁美术出版社，2008

[5] 孙科峰，王轩远, 张天臻. 建筑设计快题与表现［M］. 北京：中国建筑工业出版社，2005

[6] 徐振，韩凌云. 风景园林快题设计与表现［M］. 沈阳：辽宁科学技术出版社，2009

[7] 加拿大奥雅园境师事务所作品集（上）. 全程化的景观设计［M］. 乌鲁木齐：新疆科学技术出版社（百通集团），2005

● 本书由山东轻工业学院艺术学院邓琛、吕在利老师编著